Globalização e espaço geográfico

Globalização e espaço geográfico

Eustáquio de Sene

Copyright© 2003 Eustáquio de Sene
Todos os direitos desta edição reservados à
Editora Contexto (Editora Pinsky Ltda.)

Preparação de originais
Maurício Oliveira

Diagramação
Lisa Ho
Denis Fracalossi
Gustavo S. Vilas Boas

Revisão
Maitê Carvalho Casacchi
Renata Castanho

Capa
Antonio Kehl

Dados Internacionais de Catalogação na Publicação (CIP)
(Câmara Brasileira do Livro, SP, Brasil)

Sene, Eustáquio de
Globalização e espaço geográfico / Eustáquio de Sene. –
4. ed., 2ª reimpressão. – São Paulo : Contexto, 2025.

Bibliografia
ISBN 978-85-7244-237-4

1. Geografia humana 2. Globalização I. Título

03-2746   CDD-304.23

Índices para catálogo sistemático:
1. Espaço geográfico e globalização : Sociologia 304.23
2. Globalização e espaço geográfico : Sociologia 304.23

2025

Editora Contexto
Diretor editorial: *Jaime Pinsky*

Rua Dr. José Elias, 520 – Alto da Lapa
05083-030 – São Paulo – SP
PABX: (11) 3832 5838
contato@editoracontexto.com.br
www.editoracontexto.com.br

Proibida a reprodução total ou parcial.
Os infratores serão processados na forma da lei.

*Para os "de Sene" e seus filhotes
que perderam o "de".*

SUMÁRIO

Agradecimentos 9
Prefácio 11
A palavra da moda? 15
Globalização: a origem do termo 21
Globalização como processo histórico 37
Globalização como ideologia 51
A dimensão socioeconômica 65
A dimensão cultural 89
A dimensão política 107
Um resgate do espaço geográfico 119
A dimensão espacial: um enfoque
geográfico da globalização 127
A formação socioespacial frente à globalização 165
Referências bibliográficas 169
Anexo 175

AGRADECIMENTOS

Este livro originou-se de uma pesquisa desenvolvida no Departamento de Geografia da Faculdade de Filosofia, Letras e Ciências Humanas da Universidade de São Paulo entre os anos de 1996 e 2001. Esse esforço intelectual redundou numa dissertação de mestrado apresentada à banca de defesa em dezembro de 2001. O presente texto é resultado de algumas modificações, sugeridas pela banca, e de atualizações, devido à aceleração contemporânea, como dizia o Prof. Milton Santos. Desde o início, para a consecução deste trabalho, de uma maneira ou de outra, contribuíram muitas pessoas e instituições, às quais gostaria de agradecer imensamente:

– Ao Prof. André Roberto Martin (DG-USP), por ter se proposto a orientar a pesquisa mesmo tendo consciência das dificuldades inerentes ao tema, e também pelo estímulo intelectual.
– Ao Prof. Antonio Carlos Robert Moraes (DG-USP), que muito tem me ensinado ao longo desses anos com suas críticas e sugestões,

particularmente as feitas na banca de defesa, que muito contribuíram para o aperfeiçoamento deste trabalho.

– Ao Prof. Lúcio Flávio de Almeida (Ciência Política - PUCSP), pelas importantes contribuições na banca de defesa.

– À Profa. Odette Carvalho de Lima Seabra (DG-USP), pelas importantes contribuições no exame de qualificação.

– Ao Prof. Ivã Carlos Lopes (Linguística-USP), pela revisão da dissertação e pelas sugestões na hora derradeira.

– Ao Prof. Luiz Carlos Gomes (IFUSP), pelas gratificantes discussões sobre o espaço dos físicos e dos geógrafos.

– Ao Conselho Nacional de Desenvolvimento Científico e Tecnológico (CNPq), pela concessão de uma bolsa de estudos, fundamental durante o desenvolvimento da parte inicial da pesquisa.

– Ao pessoal da secretaria da pós-graduação do DG-USP, em especial à Ana, pela atenção.

– Aos amigos da Editora Contexto, pela contribuição para que a dissertação virasse livro e pudesse ser lida por mais pessoas.

–A todos meus amigos que, de uma forma ou de outra, me estimularam a realizar este trabalho.

– Dedico este livro em especial ao saudoso Prof. Milton Santos (1926-2001), de quem tive a felicidade de ser aluno, por tudo que nos legou, a todos nós geógrafos.

PREFÁCIO

Durante muitos séculos, a Geografia foi compreendida como sendo parte de um conjunto mais vasto de conhecimentos, os quais haviam sido reunidos pelos gregos sob o nome de Cosmografia, ciência que ainda no século XVII era definida por Varenius como sendo o estudo dos fenômenos "celestes, terrestres, e humanos". É sabido que, desde então, o caminho da evolução das ciências seguiu, ainda que não linearmente, uma tendência geral à especialização e compartimentação – donde, no caso em exame, deve-se registrar primeiramente a individualização da Astronomia, simultaneamente divorciada da Astrologia e da Geografia. Esta última, contudo, demoraria ainda mais tempo para alcançar o nível de sistematização exigido pelos cânones da cientificidade que foram sendo estabelecidos a partir da Física, uma vez que a fase de arrolamento mnemônico de informações só se completaria no início do século XX, com as expedições ao continente antártico.

É nessa época que os conceitos de "espaço geográfico" e "superfície da Terra" convergiram, na perspectiva de que o segundo representaria o campo empírico das investigações que suportariam as teorizações a respeito do primeiro. Até por volta de meados da década de 1970, pode-se dizer com relativa segurança, este era o pensamento hegemônico em Geografia, quando então muita coisa começaria a mudar.

Correndo em paralelo, mais ou menos no mesmo período de institucionalização da Geografia, as pesquisas sobre a modernização capitalista haveriam de transformar a Economia e a Sociologia em referências explicativas fundamentais para o entendimento das forças que comandam a História. Com o passar do tempo, as visões naturalizantes típicas dos determinismos racial e geográfico seriam superadas, e substituídas por concepções mais "modernas", nas quais a totalidade não era mais vista como contida na relação "homem/meio", mas sim melhor expressa numa categoria de síntese, a de "sociedade".

Guardadas as devidas cautelas suscitadas pelo rigor metodológico e pelo debate ideológico correspondente, pode-se chegar a uma conclusão provisória, isto é, a de que os discursos a respeito do "espaço" e da "sociedade" seguiram trajetórias muito diferentes, induzindo-nos a uma dissociação quase mecânica entre aquelas categorias. Será então possível que a "globalização" tenha executado uma inflexão, prática e teórica, no sentido de se obter uma visão mais clara, equilibrada e integradora da relação espaço/sociedade?

A tentativa séria e criteriosa de se buscar uma resposta a esta indagação, por si só já justificaria, a meu ver, a relevância do estudo realizado por Eustáquio de Sene, ao menos no âmbito da história do pensamento geográfico. Seu trabalho, no entanto, não se limita a isso, indo muito além. Ao perceber a contradição entre o sentido predominantemente a-espacial das teorias da "globalização" e a raiz inelutavelmente cosmográfica presente na própria etimologia da palavra, Eustáquio avança em direção ao estabelecimento de um diálogo fecundo entre a Geografia e as demais ciências sociais que têm se debruçado sobre o assunto. Nesse sentido vejo esta pesquisa contribuir de forma bastante satisfatória, tanto com os geógrafos que porventura queiram conhecer melhor os significados de "globalização", quanto com os que, fora da Geografia, sentem-se de alguma forma atraídos pelo que dizem os geógrafos a respeito desse fenômeno, o qual, afinal de contas, ameaça a própria continuidade de sua profissão. É preciso ponderar sobre esse tema, sobretudo quando vemos nas escolas secundárias dos Estados Unidos o conteúdo da disciplina Geografia ser diluído em outras matérias, como "Turismo" e "Ecologia", e o fato de o ensino dela ser optativo. Será enfim que o que é bom para a "globalização" será ruim para o "espaço geográfico"?

Esta é outra pergunta para a qual Eustáquio nos deixa várias pistas. Ele nos revela desde logo, por exemplo, o caráter polissêmico do conceito de "globalização" e o contraste que isto representa frente ao quase monolitismo epistemológico presente na noção bem menos pretensiosa de "espaço geográfico". Mais ainda, apresenta descritivamente, com abundância de dados atualizados, não só as repercussões espaciais do processo de "globalização" *strictu sensu*, isto é, os remanejamentos de ordem territorial suscitados pelas novas necessidades funcionais do capital transnacionalizado, como também aponta para os sinais já visíveis de uma desaceleração desse processo, o que nos deixa com mais uma questão crucial: teria a "globalização" já sido superada? Mas pelo quê? Será que os novos postulados intervencionistas presentes na "Doutrina Bush" seriam suficientes para encerrar a onda liberalizadora que o precedeu? Por fim, o uso e o abuso do termo "globalização" teriam sido apenas uma moda passageira e o destino reservado a essa expressão não seria outro senão o "lixo da História"?

Paradoxalmente, e de forma absolutamente imprevisível para mim, a pesquisa de Eustáquio terminou por adquirir uma importância inusitada: ao deixar patentes os limites da "globalização" e o uso ideológico que se lhe emprestou, revelou também uma curiosa mudança valorativa. Se em meados dos anos 90, quando iniciou sua pesquisa, a preocupação era com o sentido apologético com que o termo vinha sendo empregado, agora, menos de dez anos depois, a questão passou a ser evitar que a carga de negatividade que vem cercando o conceito desde as manifestações de Seattle não se transforme numa avalanche de críticas que venha a soterrar mais uma palavra, antes mesmo de o fenômeno que ela tenta descrever ter sido suficientemente compreendido.

É bastante provável, portanto, que os leitores não encontrem aqui todas as respostas que desejariam. Mas o roteiro de questões proposto pelo autor constitui inegavelmente um instrumental bastante útil para os que se iniciam no tema, e mesmo aos mais tarimbados, a varredura bibliográfica executada por Eustáquio poderá surpreender.

Finalmente, é preciso registrar que a confecção deste livro incorporou muitas discussões complexas em vários domínios do pensamento, passando pela cultura, economia, política, ideologia etc. E se a decantação desse levantamento de problemas suscitou alguma conclusão definitiva, ela poderia ser expressa nas próprias palavras do autor: "A chave para a resistência à perversidade da globalização tem de ser buscada na formação socioespacial nacional e pela valorização das singularidades, das identidades, da diversidade cultural".

Ainda não foi agora que o capital conseguiu estabelecer um espaço isotrópico absolutamente maleável e adaptável às exigências de sua reprodução ampliada. A particularidade permanece como campo das contradições, como mediação entre os indivíduos e a totalidade. A globalização vista do centro não é a mesma se olhada da periferia ou da semiperiferia. E sobretudo, como demonstra sobejamente Eustáquio, nos anéis que circundam o centro difusor de inovações existe sim vida inteligente, além do mais comandada pela busca corajosa e pertinaz de se construir a partir deles próprios um pensamento altivo, autônomo e crítico.

Prof. Dr. André Roberto Martin
Departamento de Geografia FFLCH-USP

A PALAVRA DA MODA?

A palavra globalização tomou conta de nosso cotidiano nos últimos anos. Invadiu a mídia no início da década de 1990 e hoje, no início do novo milênio, não passa dia sem que apareça em jornais, revistas e noticiários televisivos, frequentando principalmente as seções de economia. Muitos analistas têm comentado que a globalização tornou-se a palavra ou o conceito da moda e tem grande poder de persuasão. É o que diz Bauman (1999, p. 7): "A globalização está na ordem do dia; uma palavra da moda que se transforma rapidamente em lema, uma encarnação mágica, uma senha capaz de abrir as portas de todos os mistérios presentes e futuros." Mais ou menos o mesmo afirmam Hirst e Thompson (1998, p. 13): "A globalização tornou-se um conceito em moda nas ciências sociais, uma máxima central nas prescrições de gurus da administração, um *slogan* para jornalistas e políticos de qualquer linha."

Uma pesquisa feita pelo Datafolha em maio de 1997, no entanto, constatou que 57% dos brasileiros nunca tinham ouvido falar de globalização. Logo, ou os brasileiros estavam fora de "moda" ou essa palavra estava na "moda" apenas para os iniciados. É de se supor, contudo, que com a crise econômica que se abateu sobre o Brasil a partir de outubro de 1997, com o início da crise asiática, agravando-se em janeiro de 1999, com a desvalorização do real, e com o amplamente noticiado colapso da economia argentina – nossa vizinha do Mercosul – em 2001, um percentual maior de pessoas tenha tomado contato com essa palavra, embora a maioria continue sem entender exatamente seu significado.

Ao mesmo tempo, não há fato mais discutido na mídia especializada, entre empresários, lideranças trabalhistas e especialmente nos círculos acadêmicos, do que a globalização, que, aliás, tornou-se chamariz para muitos eventos – congressos, simpósios, seminários etc. –, além de livros escritos sobre o tema. Parece que a globalização está (ou esteve, já que está sendo crescentemente questionada) na moda apenas entre os iniciados.

Tudo isso torna a análise da questão mais complicada porque ao mesmo tempo em que é um processo extremamente complexo e ainda em andamento, suas interpretações estão bastante banalizadas, o que não exclui antagonismo entre algumas delas. Ainda não se tem uma visão totalmente clara sobre o processo. Mesmo entre os pesquisadores não há consenso acerca do tema. O comentário de Held e McGrew (2001, p. 8-9) é muito ilustrativo: "A tentativa de compreender esse debate apresenta dificuldades consideráveis, de vez que não existem linhas de contestação definitivas ou fixas. Ao contrário, há uma coexistência de conversas múltiplas (embora sejam poucos os diálogos verdadeiros) que, em conjunto, não proporcionam de imediato uma caracterização coerente ou simples. Dentro das tradições compartilhadas da investigação sociológica, seja da economia neoclássica, seja da teoria sistêmica mundial, nenhuma explicação singular da globalização atingiu o status de uma ortodoxia. Ao contrário, as avaliações rivais continuam a ordenar a discussão."

Talvez por isso, na ausência de clareza conceitual, proliferam metáforas: "aldeia global", "mundo único", "espaçonave-terra", entre outras. Mas, simultaneamente, talvez pela popularidade do assunto, algumas "verdades" estão se cristalizando no senso comum. Em outras palavras, com o avanço da globalização, como processo histórico, várias concepções sobre o fenômeno têm sido banalizadas, para o bem ou para o mal, o mesmo ocorrendo com uma ideologia da globalização. Tem sido difícil distinguir, principalmente no senso comum, o que é fato concreto do que é apenas discurso ideológico.

Não há como negar que o capitalismo tem passado por profundas transformações, quantitativas e qualitativas, ao longo das últimas décadas, principalmente ao adentrar em sua fase informacional (Castells, 1999). Portanto, é difícil negar que a globalização é um processo histórico vinculado à expansão desse sistema econômico. Muitos analistas, aos quais Held e McGrew (2001) chamam de globalistas, encaram-na como um fenômeno real e significativo. Outros, chamados de céticos por esses autores, a veem como uma construção essencialmente ideológica ou mítica. Porém, como eles próprios reconhecem, essa polarização não dá conta da complexidade da vida real e mascara o fato de que há visões intermediárias ou que mesclam esses pontos de vista.

Ver a globalização apenas pelo prisma da economia, que, aliás, é o enfoque predominante, é extremamente reducionista. Claro, é no plano da economia que surgem as transformações, se não as mais evidentes, pelo menos as mais perceptíveis e mais facilmente mensuráveis. Porém, existem outras possibilidades de se enfocar a questão. Tão ou mais importantes que as mudanças na economia são as que ocorrem no plano social, cultural, político e espacial, ensejadas pela globalização.

Este livro busca apreender a globalização como um processo histórico multidimensional, seguindo a tendência analítica dos chamados globalistas, e ao mesmo tempo, por serem inseparáveis, como uma ideologia, incorporando pontos de vista dos denominados céticos. Buscará fazer uma genealogia desse fenômeno e, como processo histórico, a globalização deverá ser analisada em suas dimensões socioeconômica, cultural e política. A dimensão espacial atravessa todas as outras e é atravessada por elas, porque as manifestações socioeconômica, cultural e política da globalização materializam-se no espaço geográfico e moldam-no, assim como são moldadas por ele. Dessa forma, durante a reconstituição dessas três dimensões a análise estará permeada pela dimensão espacial, que, no entanto, será retomada no capítulo final com o objetivo de, como contraponto à dominante análise economicista, reforçar um olhar geográfico sobre o processo de globalização. Para isso, antes, buscaremos resgatar o conceito de espaço e outros conceitos e categorias da geografia, fundamentais para a compreensão da dimensão espacial da globalização.

Na realidade todas essas dimensões estão interligadas, a separação é apenas um recurso analítico; além disso, a globalização apresenta outras facetas. Giddens (1991) fala em quatro dimensões: a economia capitalista mundial, a divisão internacional do trabalho, o sistema de Estados-nação e a ordem militar mundial, mas não menciona a cultural. Jameson (2001) fala em cinco dimensões ou níveis distintos da globalização, para usar suas palavras: o tecnológico, o político, o cultural, o econômico e o social. Vieira (1997) também menciona cinco dimensões: a econômica, a política, a social, a ambiental e a cultural. Roland Robertson, criticando o economicismo vigente na análise da globalização e propondo uma abordagem sociológica, sugere, embora não especifique, que o fenômeno apresenta outras dimensões: "Como eu disse, na discussão mundial da globalização, economistas e pessoas que operam na área dos estudos da administração, para não falar de jornalistas e políticos, pintaram a globalização como um processo basicamente econômico (Robertson, 1999, p. 12)." Nenhum dos autores consultados para a elaboração deste trabalho menciona explicitamente uma dimensão espacial ou geográfica.

Cada pesquisador enfatiza certas dimensões em detrimento de outras e, embora algumas, como a econômica, sejam recorrentes, não há consenso sobre quais são. Acreditamos que a dimensão tecnológica, como menciona Jameson, atravessa todas as demais, não constituindo uma dimensão à parte. Muitos dirão o mesmo a respeito da dimensão espacial, tanto que nem é mencionada. Mas defendemos que o espaço geográfico é uma dimensão fundamental da globalização, até porque, embora pouco lembrado, a própria palavra globalização é tributária da geografia, deriva de *globo*. Desde seu início, redundando na atual etapa da globalização, que a expansão capitalista consiste num processo de incorporação de espaços nos lugares mais recônditos do planeta Terra.

Outras possíveis dimensões da globalização, como a ambiental, mencionada por Liszt Vieira (1997), extrapolam os limites deste trabalho.

Finalizando esta introdução, fazemos nossas as palavras de Tavares e Fiori (1997, p. 7): "Não há dúvida de que a palavra 'globalização' foi cunhada no campo próprio das ideologias transformando-se, nesta última década, num lugar-comum de enorme conotação positiva, apesar de sua visível imprecisão conceitual. É provável, inclusive, que esta palavra passe à história dos modismos sem jamais adquirir um verdadeiro estatuto teórico, mantendo-se como um conceito inacabado. Mas também não há dúvida de que, apesar de tudo isto, poucas palavras possuem tamanha força política neste final de século XX, o que já seria razão suficiente para submetê-la a um exame rigoroso e crítico."

É o que pretendemos fazer ao longo deste livro. Entretanto, temos a consciência de que não se trata de uma tarefa fácil e de que não chegaremos a uma conclusão definitiva. Tranquiliza-nos, porém, o fato de acreditarmos ter levantado algumas questões pertinentes, mesmo quando não demos conta de elucidá-las, contribuindo para o debate. Esperamos ter contribuído para construir uma visão panorâmica desse complexo fenômeno, sobretudo para os leitores que se iniciam no tema.

GLOBALIZAÇÃO:
A ORIGEM DO TERMO

O termo globalização é traduzido do inglês, *globalization*. Disseminou-se ao longo da década de 1980, inicialmente em algumas escolas de administração de empresas – as *business schools* – de influentes universidades norte-americanas, como Harvard. Veio à tona, portanto, como uma linguagem de administradores. Com o aprofundamento da internacionalização capitalista, sob o comando das multinacionais, tornou-se necessário traçar estratégias de atuação global, mundial para essas corporações. A difusão dos termos *global* e *globalization* passou, então, a ser feita ativamente por alguns dos principais consultores econômicos, muitos dos quais professores ligados àquelas escolas, ou então por empresários ligados aos principais escritórios de consultoria.

Um dos primeiros a utilizar o termo globalização foi Theodore Levitt, da Universidade de Harvard, quando publicou em 1983 no periódico *Harvard Business Review* um artigo com o título *The globalization of markets*. No Brasil este artigo transformou-se em um capítulo do livro *A imaginação de marketing*, publicado em

1985. Levitt argumentava que as empresas deveriam ter uma estratégia única de produção e marketing em escala mundial devido à tendência de homogeneização das demandas e dos hábitos de consumo. Os melhores exemplos do sucesso dessa estratégia seriam a Coca-Cola e a Pepsi-Cola, bebidas produzidas e divulgadas no mundo inteiro da mesma forma. Essa estratégia de marketing ficou conhecida como "paradigma coca-cola". Segundo Levitt, esse paradigma deveria ser seguido por todas as empresas que se pretendessem "globais": "Em negócios, isso é claramente traduzido por mercados globais, com corporações globais vendendo os mesmos produtos padronizados – automóveis, aço, produtos químicos, petróleo, cimento, mercadorias e equipamentos agrícolas, construção industrial e comercial, serviços bancários, seguros, computadores, semicondutores, transporte, instrumentos eletrônicos, produtos farmacêuticos e telecomunicações, para mencionar apenas alguns dos mais óbvios – da mesma maneira em todos os lugares" (Levitt, 1990, p. 43).

No entanto, o termo "empresa global" é bem mais antigo, data do final dos anos 1950. Kenichi Ohmae, confessando-se influenciado por Gilbert Clee[1], declara: "Clee introduziu a expressão 'empresa global', no artigo que escreveu em 1959 para a *Harvard Business Review*, descrevendo o mercado mundial homogêneo e encorajando as companhias americanas a comprar matéria-prima barata em qualquer lugar do mundo, produzir nos países de baixo custo de mão de obra, e vender nos mercados mais atraentes. Seu modelo baseava-se no conceito de otimização global" (Ohmae, 1989, p. xi).

Como se vê, a receita da globalização econômica sob o comando das corporações norte-americanas é antiga. Ohmae, seguindo os ensinamentos de seu mestre, transformou-se num dos principais difusores dessa receita e num dos grandes gurus dos negócios "globalizados". Durante mais de duas décadas foi sócio-gerente do escritório de Tóquio da McKinsey & Company e prestou consultoria a grandes corporações e a governos na área de operações e estratégias econômicas internacionais. Escreveu vários artigos e fez várias palestras, notadamente na "tríade", palavra com que definia o mercado formado pelos Estados Unidos, Europa e Japão. Seu primeiro livro sobre o assunto foi *Triad power: the coming shape of global competition*, publicado em 1985. As ideias sobre o mercado global foram aprofundadas em *The borderless world*, publicado nos Estados Unidos em 1990. No Brasil, *O mundo sem fronteiras* foi publicado em 1991. Em 1995 ele publicou em língua inglesa *The end of the nation State*, traduzido para o português em 1996 como *O fim do Estado-nação*. Essas publicações propõem estratégias para as corporações que buscam uma atuação mundial (ou global), fazem a apologia da globalização e do livre comércio e pregam o fim do Estado.

Outra possível origem da palavra globalização estaria não na linguagem da administração, mas na da comunicação. Sob esta ótica, sua origem deveria ser buscada nos escritos de Marshall McLuhan, teórico canadense das comunicações, mais especificamente em seu livro *Understanding media: the extensions of man*, publicado nos Estados Unidos em 1964. No Brasil a tradução feita por Décio Pignatari – *Os meios de comunicação como extensões do homem* – foi publicada em 1969. Ao discorrer sobre a crescente interconexão mundial como resultado dos avanços das telecomunicações, McLuhan criou uma das mais poderosas e, ao mesmo tempo, uma das mais mistificadoras metáforas, repetida *ad nauseam* na tentativa de apreender o atual mundo globalizado: "aldeia global". Foi também o primeiro a falar em "era da informação", outro termo muito utilizado para apreender a época em que vivemos.

O termo globalização (e as decorrentes políticas econômicas) também se difundiu atrelado ao discurso neoliberal veiculado por instituições internacionais como FMI e Banco Mundial desde a era Reagan (1981-1988) e ao longo da vigência do chamado Consenso de Washington[2]. Como assevera Amin (1999, p. 28): "(...) con la llegada al poder de Ronald Reagan y su evangelio de doctrinas neoliberales extremas, dichas instituciones [FMI e Bird] se convirtieron instantáneamente al neoliberalismo, como si tuvieran que adoptar cualquier cambio de moda en la Casa Blanca. La conversión cristalizó inmediatamente en un simple y universal programa de actuación, conocido como 'programa de ajuste estructural', o PAS. El programa se aplicó inicialmente a los países del Tercer Mundo que se consideraban en crisis (¡como se los países capitalistas no lo estuvieran!); se les obligó a 'ajustarse', unilateralmente, a las nuevas condiciones. A finales de la década de los ochenta, los PAS se habían extendido a los países del bloque del Este, con el objeto de 'ayudarles' en una reconversión rápida hacia el capitalismo 'normal'."

Quando esse termo foi incorporado pela mídia internacional, especialmente ao longo da década de 1990, difundiu-se rapidamente pelo mundo e, ao mesmo tempo, passou a ser crescentemente questionado, porque questionadas eram as práticas econômicas a ele associadas.

GLOBALIZAÇÃO OU MUNDIALIZAÇÃO?

Não há consenso entre os pesquisadores nem mesmo quanto à melhor palavra a ser utilizada para definir o atual estágio da expansão capitalista. No Brasil, assim como em outros países que falam português, o termo globalização arraigou-se, embora muitos defendam que o fenômeno nem existe. Seguindo percurso semelhante, autores de língua espanhola utilizam o termo *globalización* e os de fala alemã, *globalisierung*; já os francófonos resistem em utilizá-lo. Para definir o mesmo fenômeno os franceses usam o termo *mondialisation*. Chesnais (1996) explicita essa opção já no próprio título de seu livro *La mondialisation du capital*, publicado na França em 1994, no qual sustenta que o termo globalização é ambíguo, vago e cheio de conotações. Argumenta que o termo mundialização, de origem latina, define mais claramente que no atual estágio da expansão do capitalismo, esse sistema atingiu a escala mundial e por isso exige mecanismos de controle também mundiais: "A palavra 'mundial' permite introduzir, com muito mais força do que o termo 'global', a ideia de que, se a economia se mundializou, seria importante construir depressa instituições políticas mundiais capazes de dominar o seu movimento. Ora, isso é o que as forças que atualmente regem os destinos do mundo não querem de jeito nenhum" (Chesnais, 1996, p. 24).

Essa resistência francesa soa mais como uma disputa, aliás, antiga, entre anglófonos e francófonos pela influência cultural no mundo, do que como uma discussão pertinente acerca do melhor termo para apreender o atual estágio da expansão capitalista. Ou, mais precisamente, soa como uma resistência francesa ao avanço da hegemonia norte-americana no campo econômico, político e cultural.

Embora o chinês seja a língua mais falada, o inglês é o "esperanto" do mundo, é a língua mais mundializada ou globalizada. Diante da hegemonia norte-americana na ciência e na tecnologia, de seu domínio dos meios de comunicação e de informação e de sua influência econômica e cultural, é compreensível que a língua da globalização seja o inglês. Nada mais "natural", portanto, que para definir esse processo capitalista seja utilizado um vocábulo originado nessa língua: *globalization*. Pelo menos nas línguas ocidentais, como vimos, geralmente utiliza-se a tradução direta desse vocábulo inglês.

No português, assim como em outras línguas neolatinas, é possível escolher entre globalização ou mundialização para apreender o fenômeno. No Brasil, devido à influência econômica e cultural dos Estados Unidos e, consequentemente, do inglês, o termo globalização acabou se disseminando. Na França, apesar da resistência, *la globalisation* avança.

Mas não reside aí o cerne da questão, pois essa discussão está mais para o campo da semântica, como esperamos demonstrar. Nos Estados Unidos, na Inglaterra ou em qualquer outro país anglófono, quando as pessoas se referem ao mundo usam a palavra *world*, quando se referem a mundial, *worldwide*; entretanto, não têm uma palavra para se referir a mundialização. Daí porque usam a palavra *globalization*, que, aliás, é um neologismo mesmo em inglês; os dicionários, sobretudo os mais antigos, nem sempre a registram.

É verdade, como defende Chesnais, que o termo globalização é ambíguo, vago e cheio de conotações, portanto, sujeito à manipulação ideológica. No entanto, nada indica que seria diferente com o termo mundialização. Assim, é possível afirmar, parodiando esse autor, que "se a economia se [globalizou], seria importante construir depressa instituições políticas [globais] capazes de dominar o seu movimento" (Chesnais, *op. cit.*).

Alguns autores, como Ortiz (1994) e Dreifuss (1996), reservam o termo mundialização para os fenômenos do âmbito da cultura que atingem o espaço geográfico planetário e o termo globalização para os da economia. Outros, como Giddens (1991), não fazem essa distinção e utilizam o termo globalização tanto para os fenômenos da cultura quanto para os da economia mundial. Milton Santos utiliza indistintamente os termos globalização e mundialização para se referir a fenômenos econômicos e culturais: "A **globalização** é, de certa forma, o ápice do processo de internacionalização do mundo capitalista. (...) nos encontramos em um novo patamar da internacionalização, com uma verdadeira **mundialização** do produto, do dinheiro, do crédito, da dívida, do consumo, da informação" (Santos, 2000, p. 23, 30) [grifo nosso].

Toda vez que um novo fenômeno precisa ser apreendido, sobretudo nas ciências sociais, mais suscetíveis ao debate e à divergência, é comum um embate acerca do melhor conceito, mas com o passar do tempo um determinado termo acaba se consolidando, tornando-se hegemônico. Hoje em dia não se discute mais qual é o melhor vocábulo para definir o período da expansão capitalista do final do século XIX e início do XX, no entanto, houve um embate acirrado até que a palavra *imperialismo* se tornasse dominante.

Sobre esse assunto Tavares e Fiori (1997, p. 7) esclarecem que "(...) na segunda metade do século XIX, a palavra 'imperialismo' também tinha uma conotação extremamente vaga e positiva quando foi introduzida no cenário político europeu pela linguagem jornalística. E foi assim que o termo também transformou-se em lugar-comum, vulgarizando-se de tal maneira durante a década de 1890 que 'por volta de 1900, quando os intelectuais começaram a escrever livros sobre o imperialismo, ele já estava 'na boca de todo mundo" (Hobsbawn, 1988, p. 2). Mas ninguém desconhece que, se a palavra 'imperialismo' pertenceu, no começo, ao jargão político e jornalístico, depois da obra clássica de John Hobson, ela acabou se transformando numa peça teórica essencial da economia política do século XX. E se nos primeiros tempos significava coisas positivas, acabou adquirindo uma conotação política cada vez mais negativa com o passar do século."

A crítica de Lênin a Kautsky em seu livro *O imperialismo: fase superior do capitalismo*, escrito em 1916, evidenciava a discussão sobre qual seria a melhor palavra para definir aquele período do capitalismo: "Kautsky levanta uma questão de palavras inteiramente fútil: a nova fase do capitalismo deve designar-se como *imperialismo* ou como *fase do capitalismo financeiro*? Chame-se-lhe como se quiser: isso não tem importância" (Lênin, 1987, p. 91).

Concordamos plenamente com José Luís Fiori quando afirma: "(...) não importa que se fale de globalização ou de mundialização, o que importa é compreender a forma, os mecanismos e o funcionamento desta nova realidade geopolítica e geoeconômica e os seus impactos sobre a produção e a distribuição da riqueza mundial" (Fiori et al., 1998, p. 7).

Globalização ou mundialização? O que nos parece realmente importante é compreender o fenômeno e não brigar com palavras. A realidade é que, devido à hegemonia do inglês, o termo globalização se cristalizou e mundialização, não. Assim, o que de fato importa é desvendar a realidade mundial atual – econômica, política, cultural e geográfica – a que essa palavra se refere e procurar lhe dar maior propriedade conceitual.

"GLOBALIZAÇÃO": ISSO NÃO EXISTE

Para alguns pesquisadores – geógrafos, economistas, sociólogos, entre outros – a globalização simplesmente não existe. Os que assim pensam acreditam que o capitalismo não passou por nenhuma transformação tão significativa nas últimas décadas que justifique a utilização de um conceito novo para substituir as velhas noções de internacionalização do capital e de imperialismo. Veem essa nova palavra com desconfiança e relutam em utilizá-la.

Alguns pesquisadores têm afirmado que ainda vivemos a fase do imperialismo. Por exemplo, o geógrafo Armem Mamigonian recorrentemente tem dito isso em suas palestras, como a que fez no Simpósio Multidisciplinar Internacional, realizado em julho de 1997, em Bauru (SP). Nessa visão, bastante difundida entre setores de esquerda, a globalização seria uma nova roupagem para o velho imperialismo, descrito por Lênin e outros autores marxistas.

Outros, como o economista Álvaro Antônio Zini Jr. (1996), são mais enfáticos e tendem a ver a globalização como um projeto hegemônico dos Estados Unidos. Tese também defendida pelo economista norte-americano John K. Galbraith. Em uma entrevista concedida ao jornal *Folha de S.Paulo* em 7 de novembro de 1997, quando estourava mais uma crise do capitalismo globalizado – a asiática –, afirmou: *"Globalização* não é um conceito sério, nós, os americanos, inventamos este conceito para dissimular nossa política de entrada econômica nos outros países. E para tornar respeitáveis os movimentos especulativos de capital, que sempre são causas de graves problemas" (*apud* Fiori et al., 1998, p. 7).

Outros ainda, como o economista Paulo Nogueira Batista Jr., sustentam que a globalização é a palavra da moda para definir o processo de expansão capitalista que teve início no final do século XV. De acordo com ele, a globalização traz falsas novidades, está impregnada de ideologia e de vários mitos: "(...) o próprio termo é enganoso e só deveria ser utilizado entre aspas, para marcar distanciamento e ironia" (Batista Jr., 1997, p. 2).

No texto *Mitos da "globalização"*, o economista compara uma série de dados estatísticos mostrando que o capital, mesmo o financeiro, foi relativamente mais globalizado no final do século XIX; que, apesar do crescimento do fluxo de mercadorias e de investimentos externos diretos, os mercados nacionais continuam sendo mais importantes. Por isso defende que estamos vivendo uma acentuação do processo de internacionalização dos capitais, não uma verdadeira globalização. Argumenta que ao contrário do discurso hegemônico, os gastos do Estado nos países desenvolvidos aumentaram, como mostra a tabela a seguir, mesmo durante o período de maior força do discurso neoliberal, a era Reagan-Thatcher.

Países	Setor público nos países do G-7			
	Gasto público (% do PIB)		Déficit público (% do PIB)	
	1978-82	1991-95	1978-82	1991-95
Estados Unidos	31,2	33,6	1,1	3,1
Japão	31,8	33,2	4,4	0,5
Alemanha	48,0	48,9	3,0	3,1
França	46,9	53,0	1,5	4,4
Itália	44,0	54,1	10,4	9,1
Reino Unido	42,8	42,7	3,2	5,8
Canadá	39,9	48,5	3,1	6,1
G-7 (média ponderada)	36,3	39,4	2,9	3,5

Fonte: BATISTA Jr., Paulo Nogueira. *Mitos da "globalização"*. São Paulo: Instituto de Estudos Avançados da USP, 1997. p. 27·A.

Batista Jr. também afirma que os Estados hegemônicos têm um papel fundamental na preparação do terreno, do ponto de vista jurídico e institucional, para facilitar a globalização dos capitais e que, por outro lado, os Estados, mesmo os mais fracos, ainda têm muito a fazer frente à suposta inelutabilidade do processo. É contra, portanto, a tese do fim do Estado, muito difundida por alguns autores, como Octavio Ianni (1993, 1994, 1995) e Kenichi Ohmae (1991, 1996). Este ponto será desenvolvido com mais vagar no capítulo "A dimensão política".

Colocando-se ao lado dos que defendem a globalização como um novo nome do imperialismo, Batista Jr. instiga, um pouco relutante: "Caberia até indagar se a chamada globalização não seria a continuação da colonização por outros meios" (1997, p. 6).

Grande parte das teses defendidas por Batista Jr. já haviam sido propostas por Paul Hirst e Grahame Thompson no livro *Globalization in question*, lançado em 1996 na Inglaterra. Demonstrando identificação com essas teses, o prefácio da tradução brasileira – *Globalização em questão*, de 1998 – foi escrito por ele. Num resumo de seus pontos de vista sobre a globalização, a título de conclusão, os autores do livro afirmam:

"Neste livro, questionamos a validade e a precisão de muitas declarações mais enfáticas feitas sobre a 'globalização'. Apontamos em primeiro lugar, que poucos paladinos da globalização desenvolvem um conceito coerente da economia mundial em que forças e agentes supranacionais sejam decisivos; em segundo lugar, que apontar a evidência da intensificação da internacionalização das relações econômicas, desde a década de 70, não é em si prova da emergência de uma estrutura econômica nitidamente 'global'; em terceiro, que a economia internacional tem estado sujeita a maiores mudanças estruturais, no último século, e que houve períodos anteriores de internacionalização do comércio, de fluxos de capital e do sistema monetário, especialmente de 1870 a 1914; quarto, que as transnacionais realmente globais são, relativamente, poucas e que a maior parte das corporações multinacionais bem-sucedidas continuam a operar a partir de nítidas bases nacionais; e, por último, que as perspectivas de regulação por meio da cooperação internacional, a formação de blocos comerciais e o desenvolvimento de novas estratégias nacionais que levem em conta a internacionalização, de modo algum, estão esgotadas" (Hirst e Thompson, 1998, p. 303-4). Percebe-se que não coincidentemente esses autores também usam a palavra globalização entre aspas.

No entanto, muitos autores que questionam a existência da globalização, aparentemente não têm levado em conta alguns aspectos centrais do fenômeno. Ou não levam em consideração a importância do espaço geográfico, ou não levam em consideração o avanço das técnicas, que por sua vez se materializam no espaço.

Como a maioria de seus pares, os economistas Batista Jr., Hirst e Thompson fazem uma análise economicista do problema e, portanto, não levam em consideração o espaço geográfico nem as técnicas nem a cultura. Batista Jr. faz uma rápida menção sobre as técnicas, mas não desenvolve a questão. Nem ele nem Hirst e Thompson dão atenção à dimensão cultural da globalização.

O sociólogo Roland Robertson é um dos principais críticos da hegemonia dos economistas na análise da globalização. Isso fica evidente quando garante que "(...) o economicismo é um traço central da globalização, assim como também o é o crescente poder dos economistas em base mundial. Na realidade, o reducionismo econômico é um fenômeno que deve ser visto, em si mesmo, como um aspecto geral do processo de globalização" (Robertson, 1999, p. 13).

A globalização não está restrita à economia, tem repercussões no plano social, na cultura, na política e algumas de suas consequências mais importantes estão materializadas no espaço geográfico. Os que defendem a continuidade do imperialismo não consideram o avanço das técnicas e suas consequências no espaço geográfico. As técnicas que davam suporte à expansão capitalista em seus primórdios ou mesmo no período do imperialismo, e que, consequentemente, moldavam a própria noção de espaço geográfico mundial, eram completamente diferentes das atualmente vigentes. Um aspecto central a ser observado é que no período da globalização está se construindo um meio técnico-científico-informacional (Santos, 1994, 1996). Tem havido uma crescente tecnificação do espaço em escala planetária, uma crescente universalização das técnicas como fato e como processo. Os objetos técnicos funcionam de forma sistêmica, ou seja, formam sistemas técnicos que abarcam o planeta inteiro, formando redes. Enfim, tem se aprofundado a "unicidade das técnicas" (Santos, 1996, 2000). Esse é o dado novo. A unicidade das técnicas em escala planetária, embora progressiva desde o início da mundialização capitalista, acelerou-se muito no pós-Segunda Guerra, sobretudo depois da invenção do avião a jato, do satélite e do computador. Isso tem permitido crescente aceleração de fluxos e aproximação entre os lugares, algo impensável na época do colonialismo ou mesmo do imperialismo. Isso será aprofundado ao longo do trabalho, sobretudo no capítulo "A dimensão espacial: um enfoque geográfico da globalização".

Os conceitos são datados historicamente e um mesmo vocábulo – imperialismo, no caso – não deveria ser utilizado para apreender realidades tão díspares, por se tratar de momentos históricos distintos, e com formações socioespaciais e bases tecnológicas completamente diferentes.

A GLOBALIZAÇÃO EXISTE: É O ATUAL ESTÁGIO DA EXPANSÃO CAPITALISTA

Para a maioria dos que, de uma forma ou de outra, estão envolvidos com o tema, as questões do tópico anterior não se colocam. A globalização existe, é um fato, ou melhor, um processo histórico. Portanto, resta estudá-lo para melhor compreendê-lo, Ao longo dos anos 1990, quando o debate era mais acirrado, os que acreditavam na existência da globalização podiam ser divididos em dois grupos. Embora não houvesse homogeneidade dentro deles, uns viam o fenômeno como algo positivo, tendendo à sua celebração, outros o viam como algo negativo, tendendo à sua demonização. Geralmente estas posturas maniqueístas apareciam carregadas de ideologia político-partidária. Esta última perspectiva, por exemplo, era comum no Brasil no seio de partidos de esquerda, sobretudo entre os chamados "radicais", entre sindicalistas, ou entre setores da direita nacionalista, que assim pregavam um discurso defensivo para enfrentar o problema. Já aquela era comum no seio de partidos de direita de cunho liberal, entre setores do empresariado que se beneficiavam da abertura econômica, entre consultores de empresas e dirigentes de grandes corporações, que pregavam uma adesão, geralmente acrítica, a esse processo.

É importante frisar, no entanto, que como resultado das sucessivas crises econômicas na segunda metade da década de 1990 e início dos anos 2000 (México – 1995, Ásia – 1997, Rússia – 1998, Brasil – 1999, Argentina – 2001) e das crescentes manifestações antiglobalização – de Seattle à Gênova, quando os atentados do 11 de setembro arrefeceram o movimento nas ruas e o canalizaram para o Fórum Social Mundial, o encontro anti-Davos de Porto Alegre –, disseminou-se a percepção de que a globalização tem mais pontos negativos do que positivos, principalmente em países como a Argentina, onde as reformas neoliberais fracassaram de forma retumbante. Veja o que diz a esse respeito Joseph Stiglitz, um dos maiores conhecedores dos bastidores das políticas econômicas traçadas nos organismos internacionais, por ter sido economista-chefe e vice-presidente do Banco Mundial: "Tornou-se cada vez mais claro, não só para cidadãos comuns, mas também para aqueles que formulam as políticas, não só para os que vivem nos países em desenvolvimento, mas também para as pessoas nos países desenvolvidos, que a globalização, da maneira como tem sido praticada, não satisfez as expectativas conforme seus defensores prometeram que iria satisfazer – nem realizou o que pode e deve realizar. Em alguns casos, não resultou nem mesmo em crescimento, mas quando isso aconteceu, não trouxe benefícios para todos; o efeito líquido das políticas estabelecidas pelo Consenso de Washington tem sido, com relativa frequência, beneficiar alguns à custa de muitos, os ricos à custa dos pobres. Em muitos casos, interesses e valores comerciais têm substituído a preocupação com o ambiente, a democracia, os direitos humanos e a justiça social" (Stiglitz, 2002, p. 47-8). Neste início de século, tanto nas reuniões da elite empresarial mundial, como no Fórum Econômico Mundial de Davos, não está fácil fazer apologia da globalização.

Um dos mais ardorosos defensores da globalização tem sido o consultor e empresário japonês Kenichi Ohmae. Ele vem pregando que a melhor forma de um país criar riquezas é abrindo sua economia. Posição semelhante foi defendida no Brasil ao longo de muito tempo pelo economista Roberto Campos (1917-2001), conhecido como "Bob Fields", entre seus críticos, por seu alinhamento com as posições liberais emanadas dos Estados Unidos.

Há uma posição intermediária entre as duas anteriores, que, no entanto, é carregada de tintas ideológicas. Encara a globalização como algo ruim, porém inevitável, contra a qual nada se pode fazer, a não ser se adaptar. O discurso da adaptação à globalização foi muito disseminado ao longo dos anos 1990, principalmente dentro do aparelho de Estado, notadamente nos países em desenvolvimento. É ideológico porque serviu para justificar uma série de políticas econômicas prejudiciais aos interesses dos trabalhadores, a setores do empresariado, quando não ao próprio "interesse nacional". É o discurso da inelutabilidade do processo. Já que é inevitável, resta apenas adaptar-se a ele. Este discurso esteve muito presente no Brasil no final dos anos 1990, sobretudo nos textos produzidos pelo então presidente Fernando Henrique Cardoso, publicados em revistas especializadas ou proferidos em discursos em ocasiões especiais. Segue uma linha prescritiva em termos de política econômica (vamos analisá-lo mais detalhadamente no capítulo "A globalização como ideologia").

Finalmente, existe uma perspectiva mais equilibrada que busca encarar a globalização sob várias perspectivas, como um fenômeno complexo e multidimensional, sem emocionalismos ou explícitas manipulações ideológicas. Esse enfoque identifica aspectos positivos e negativos e, em geral, não faz nenhuma prescrição de como enfrentar o problema. A maioria dos que defendem esse ponto de vista, geralmente pesquisadores pertencentes aos círculos acadêmicos, tende a ver a globalização não como um fenômeno intrinsecamente novo, mas como uma continuidade de um processo histórico antigo e ligado à expansão mundial do sistema capitalista. Porém, diferentemente dos que defendem que ela não existe, esses identificam mudanças recentes no capitalismo, não só quantitativas, mas principalmente qualitativas.

Como veremos no capítulo a seguir, a palavra mais recorrente para identificar os fenômenos que estão ocorrendo atualmente no mundo, abrigados pelo vasto guarda-chuva do "conceito" de globalização, é *aceleração*. Milton Santos (1994, p. 29) esclarece que: "Acelerações são momentos culminantes na História, como se abrissem forças concentradas para criar o novo". Vivemos um desses momentos, ao qual ele chama de *aceleração contemporânea*.

NOTAS

[1] Foi sócio e diretor-executivo da McKinsey & Company, uma das mais renomadas empresas de consultoria dos Estados Unidos, até sua morte, em 1971.

[2] Medidas de cunho liberal, como privatizações, redução do papel do Estado na economia, abertura econômica, entre outras, propostas a partir de um seminário, realizado em Washington DC em 1990, que reuniu economistas do governo norte-americano e de instituições internacionais como o FMI e o Bird.

GLOBALIZAÇÃO COMO PROCESSO HISTÓRICO

AS ORIGENS DA MUNDIALIZAÇÃO CAPITALISTA: CONTINUIDADE E ACELERAÇÃO

Como fato, como fenômeno concreto, a globalização é nada mais do que um processo histórico, que, aliás, vem de longa data. As origens mais remotas da globalização podem ser recuperadas na virada do século XV para o XVI, quando se iniciou a mundialização do capitalismo no contexto das Grandes Navegações, quando se iniciou a constituição da economia-mundo capitalista, para usar a terminologia de Wallerstein (1979, 1984, 1999). Sob o capitalismo comercial, a expansão colonialista do século XVI ao XVIII viabilizou a acumulação primitiva, fundamental para a entrada desse sistema socioeconômico em sua fase reprodutiva, a partir da primeira Revolução Industrial. No último quartel do século XIX, com o advento da segunda Revolução Industrial, o capitalismo atingiu sua etapa financeira. Uma nova e mais vigorosa fase expansionista ocorreu nesse período, caracterizado pelo desenvolvimento dos trustes e cartéis e pelo imperialismo.

A primeira metade do século XX foi marcada por conflitos entre Estados imperialistas, redundando na Primeira e na Segunda Guerras Mundiais. Além desses conflitos, o capitalismo atravessou uma grave depressão ao longo dos anos 1930 como consequência da crise de 1929. Até meados do século passado, embora prejudicado por graves conflitos armados e por uma crise de dimensão mundial, o sistema capitalista continuou se expandindo, embora em ritmo lento e desigual, considerando o espaço planetário. Foi no pós-Segunda Guerra, entretanto, que o capitalismo teve sua fase áurea, quando se consolidaram os grandes conglomerados multinacionais, responsáveis pela mundialização da produção. Foram três décadas de vigoroso crescimento econômico em escala planetária, embora desigual, considerando-se os vários países. Foi nesse período que se gestaram as principais condições para a eclosão desse fenômeno multidimensional denominado globalização.

Assim, a globalização pode ser interpretada como a atual fase da expansão do capitalismo com impactos na economia, na política, na cultura e no espaço geográfico. Embora tenha suas raízes na expansão econômica do pós-Segunda Guerra como um fenômeno que apresenta características próprias e específicas, trata-se da continuidade do longo processo histórico de mundialização capitalista, de formação da economia-mundo, que já se arrasta por séculos, mas que se acelerou desde meados do século passado. Pode-se afirmar que a globalização é a atual fase da mundialização capitalista, que ela está para o capitalismo em seu atual período técnico-científico, na terminologia do geógrafo Milton Santos (1994, 1996, 1997a, 2000), ou para o capitalismo informacional, na definição do sociólogo Manuel Castells (1999), como o colonialismo esteve para seu período comercial e o imperialismo para sua etapa industrial-financeira. Santos (2000, p. 23) defende que a "globalização é, de certa forma, o ápice do processo de internacionalização do mundo capitalista". Coutinho (1995, p. 21) também sustenta "(...) que a globalização pode ser entendida como um estágio mais avançado do processo histórico de internacionalização, correspondente a:

1. Uma etapa de forte aceleração da mudança tecnológica, caracterizada pela intensa difusão das inovações telemáticas e pela emergência de um novo padrão de organização da produção e da gestão na indústria e nos serviços; (...)".

Immanuel Wallerstein considera a globalização como um processo de expansão capitalista e, ao mesmo tempo em que a encara como continuidade desse processo, identifica singularidades específicas no período pós-Segunda Guerra. Em suas palavras: "The processes that are usually meant when we speak of globalization are not in fact new at all. They have existed for some 500 years. (...) Rather, we can most fruitfully look at the present situation in two other time frameworks, the one going from 1945 to today, and the one going from circa 1450 to today" (Wallerstein, 1999, p. 1).

Um aspecto central da globalização, que é destacado por vários pesquisadores que creem em sua existência, como Benko (1994), Coutinho (1995), Dollfus (1994), Giddens (1991), Gorender (1995), Harvey (1993) e Santos (1994, 1996, 2000), é a aceleração em todos os setores da vida. Essa aceleração, especialmente dos fluxos, tem provocado mudanças econômicas, sociais, culturais, políticas e espaciais, mudando mesmo a percepção das pessoas e das empresas em relação ao espaço geográfico local e mundial. Isto não seria possível sem os enormes avanços dos sistemas técnicos, como consequência da revolução técnico-científica ou informacional.

Do ponto de vista geográfico, o aspecto central a ser apreendido é a instauração de um meio técnico-científico-informacional, para usar a expressão cunhada por Milton Santos. Para ele: "O meio técnico-científico-informacional é a cara geográfica da globalização" (Santos, 1996, p. 191). Assim, a globalização pode ser interpretada como a etapa do desenvolvimento capitalista em que ocorre a universalização das técnicas enquanto fato. "Desde o início dos tempos históricos, uma das características da técnica é ser universal como tendência" (Leroy-Gourham, 1945). E o capitalismo vai contribuir para a aceleração do processo que leva à internacionalização das técnicas, antes mesmo de desembocar, neste fim de século, em sua globalização: a universalidade das técnicas não mais como tendência, mas como fato (Santos, 1996, p.47).

Isto não existia na fase do imperialismo e muito menos no início das Grandes Navegações, época do colonialismo. Aliás, como já afirmamos, é exatamente na base técnica de sustentação que reside a principal diferença entre a globalização e o imperialismo ou qualquer outra fase da expansão capitalista. Como salienta Santos (2000, p. 52): "Na fase atual de globalização, o uso das técnicas conhece uma importante mudança qualitativa e quantitativa. Passamos de um uso 'imperialista', que era, também, um uso desigual e combinado, segundo os continentes e lugares, a uma presença obrigatória em todos os países dos sistemas técnicos hegemônicos, graças ao papel unificador das técnicas de informação."

Então, a globalização, calcada nos avanços da revolução técnico-científica ou informacional, é, ao mesmo tempo, continuidade e aceleração do processo de mundialização capitalista.

OS AVANÇOS TECNOLÓGICOS E A ACELERAÇÃO CONTEMPORÂNEA: A BASE DA GLOBALIZAÇÃO

Em um ambiente de acirramento da competição entre as grandes corporações multinacionais dos países industrializados, foram gestados diversos avanços tecnológicos na busca de maior competitividade, de menores custos de produção e consequentemente de maiores lucros no mercado internacional. Muitas tecnologias que começaram a ser desenvolvidas desde a Segunda Guerra foram popularizadas ou se incorporam ao processo produtivo a partir dos anos 1970 e principalmente nos anos 1980 e 1990. É o caso dos computadores, que permitiram grande agilidade no tratamento de informações, a base da era informacional; da robótica, que garantiu enorme crescimento da produtividade no interior das fábricas; das novas tecnologias de telecomunicações, como a internet, que asseguraram maior rapidez na circulação de capitais e informações; dos avanços nos transportes terrestre, aquático e aéreo, que permitiram maior velocidade na circulação de mercadorias e pessoas, além do aumento do peso transportado; com o consequente barateamento dos custos.

Corroborando essas teses, o Relatório do Desenvolvimento Humano 1999, dedicado inteiramente ao estudo da globalização, afirma: "A tecnologia das comunicações diferencia esta época de globalização de qualquer outra. A Internet, os telemóveis e as redes por satélite reduziram o espaço e o tempo. A combinação da informática com as comunicações, no início dos anos 90, gerou um crescimento súbito e sem precedentes de formas de comunicar. Desde então, enormes ganhos de produtividade, custos sempre decrescentes e rápido crescimento das redes de computadores transformaram os sectores da informática e das comunicações. Se a indústria de automóvel tivesse o mesmo crescimento de produtividade, um carro custaria hoje três dólares" (p. 58- 9). Esse texto do relatório anual do PNUD vem precedido pelo sugestivo subtítulo: "As novas tecnologias – motores da globalização".

"Que fenômeno é esse da globalização que tem sido objeto, ao mesmo tempo, de tantas críticas e de tantos elogios?" Numa tentativa de conceituar a globalização, Joseph Stiglitz responde assim à sua própria indagação: "Fundamentalmente, é a integração mais estreita dos países e dos povos do mundo que tem sido ocasionada pela enorme redução de custos de transportes e de telecomunicações e a derrubada de barreiras artificiais aos fluxos de produtos, serviços, capital, conhecimento e (em menor escala) de pessoas através das fronteiras" (Stiglitz, 2002, p. 36). Acrescentamos outra indagação à de Stiglitz: o que tem provocado essa redução de custos?

Uma das facetas mais importantes da globalização, como já foi mencionado, é a aceleração, o aumento na velocidade do deslocamento de capitais, mercadorias, informações e pessoas, assim como sua enorme redução de custos. Tudo isso indiscutivelmente não ocorreria sem os fantásticos avanços tecnológicos, característicos da revolução técnico-científica, que vieram à tona muito recentemente.

Essas constatações também estão presentes nos textos de Milton Santos, Jacob Gorender e Olivier Dollfus: "Sem a aceleração contemporânea, a competitividade que permeia o discurso e a ação dos governos e das grandes empresas não seria possível, nem seria viável sem os progressos técnicos recentes e a correspondente fluidez do espaço" (Santos, 1994, p. 34).

"A globalização tem sua base material na terceira revolução tecnológica. Esta vem avançando através da informática (computação e microeletrônica), das telecomunicações, da biotecnologia e da engenharia genética, da invenção de novos materiais etc." (Gorender, 1995, p. 93).

"O Sistema-Mundo que emerge no fim do século xix se distingue das 'economias-mundo' dos séculos anteriores. É planetário: nenhuma população se subtrai às impulsões. Traduz-se na aceleração das descobertas científicas e inovações tecnológicas, no desenvolvimento das trocas internacionais" (Dollfus, 1994, p. 31).

No pós-Segunda Guerra um número crescente de corporações, buscando novos mercados para investimentos e para colocação de seus produtos, transformaram-se em multinacionais[1]. Notadamente houve uma intensificação dos fluxos de capitais produtivos em busca de custos menores de produção. Foi nesse contexto que muitos países da periferia do capitalismo, ao receberem as filiais das multinacionais, somando-se ao capital nacional e estatal, se industrializaram, provocando uma alteração na clássica divisão internacional do trabalho.

Impulsionado pelo crescimento econômico, pelo aumento da capacidade de transporte e por seu consequente barateamento, houve uma grande intensificação dos fluxos de mercadorias entre os países, notadamente entre os da OCDE, que concentram a maior parte do comércio feito no mundo. Os avanços nas telecomunicações permitiram uma enorme expansão do fluxo de informações, que passaram a ser processadas e difundidas com rapidez cada vez maior. Houve notadamente um grande crescimento dos fluxos financeiros e o surgimento de novas modalidades de investimentos especulativos.

Com os satélites de telecomunicação, fatos que acontecem em qualquer parte do mundo podem ser vistos ao vivo por milhões ou mesmo bilhões de pessoas. Os satélites de observação da Terra, como os da série *Landsat*, *Spot* ou CBERS, levantam dados minuciosos sobre a litosfera, hidrosfera e atmosfera do planeta. Somando-se a isso, a difusão do telefone e o desenvolvimento da rede de computadores, a Internet, têm possibilitado uma crescente integração do mundo. Tem havido uma grande expansão das viagens de negócios como consequência da expansão econômica e da mundialização dos investimentos. O fluxo de turistas também tem aumentando consideravelmente.

No bojo dessa intensificação de fluxos, vem ocorrendo um maior intercâmbio cultural, uma difusão de certos valores, alguns dos quais tendendo a se consolidar como universais: democracia, desenvolvimento sustentável, respeito aos direitos humanos, entre outros. Além disso, com a facilidade de comunicação e organização, sobretudo via internet, está se gestando uma opinião pública transfronteiras nacionais, globalizada, como atestam as manifestações antiglobalização e antiguerra do Iraque. A mesma base tecnológica que ancora a globalização também dá suporte à organização das manifestações antiglobalização, donde se conclui que os antiglobalizantes questionam apenas certos aspectos do fenômeno, a depender do interesse de cada grupo, já que o movimento é multifacetado.

Como veremos no capítulo "A dimensão cultural", alguns autores questionam a primeira afirmação do parágrafo acima, encarando essa difusão de valores como um processo de ocidentalização ou de americanização do mundo; outros a corroboram, vendo-a como um processo de mundialização da modernidade.

A HEGEMONIA DOS ESTADOS UNIDOS: AS BASES ECONÔMICAS E GEOPOLÍTICAS DA GLOBALIZAÇÃO

A origem mais recente da globalização deve ser buscada no imediato pós-Segunda Guerra, quando, sob a hegemonia dos Estados Unidos, foi idealizada a reorganização econômica e geopolítica do mundo.

Do ponto de vista econômico, a Conferência Financeira e Monetária de Bretton Woods, realizada em 1944, em New Hampshire (Estados Unidos), criou o arcabouço institucional necessário para garantir a estabilidade econômica mundial, viabilizando um dos mais longos períodos de crescimento contínuo do sistema capitalista. Foram criados o Bird (Banco Internacional de Reconstrução e Desenvolvimento), mais conhecido como Banco Mundial, e o FMI (Fundo Monetário Internacional), organismos multilaterais sediados em Washington DC. Aquele ficaria encarregado inicialmente de canalizar recursos para a reconstrução, e com o passar do tempo financiar projetos de longo prazo, sobretudo no então Terceiro Mundo; este deveria conceder empréstimos de curto prazo e zelar pela saúde financeira de seus países membros. Ao Gatt (*General Agreement on Tariffs and Trade*), criado três anos depois e completando o tripé das instituições de Bretton Woods, caberia o papel de estimular o intercâmbio comercial no mundo através da gradativa redução das barreiras tarifárias e não tarifárias. Desde 1995 o Gatt transformou-se na OMC (Organização Mundial do Comércio), que mantém sua sede em Genebra, Suíça. Naquele mesmo contexto histórico também foi criada a ONU (Organização das Nações Unidas), com sede em Nova York, para garantir o ordenamento político mundial sob a hegemonia norte-americana.

O próprio desdobramento da Conferência de Bretton Woods já evidenciava a hegemonia política e econômica dos Estados Unidos e ao mesmo tempo a decadência da antiga potência inglesa. Apesar da estatura intelectual do representante inglês, o economista John Maynard Keynes, imperaram os pontos de vista do economista Harry White, funcionário do Departamento de Estado norte-americano. Naquela ocasião foi criado o sistema ouro-dólar, no qual o governo dos Estados Unidos, além de garantir a paridade fixa com o ouro, ainda garantiria a livre conversibilidade de sua moeda. Na prática, o dólar passou a ser equivalente ao ouro e tornou-se uma moeda de reserva e de circulação mundial. Essas medidas garantiram um período de grande estabilidade à economia mundial capitaneada pelos Estados Unidos. Enquanto esse país, como grande vencedor da Guerra, tinha excesso de divisas, o resto do mundo tinha carência. Coube a ele o papel de financiador da reconstrução europeia, através do Plano Marshall, e japonesa, através do Plano MacArthur. Assim, os Estados Unidos tornaram-se indiscutivelmente hegemônicos no mundo capitalista do pós-Guerra, como afirma Dollfus (1994, p. 32): "Em 1945 a América é 'imperial'. Intactas, suas indústrias contribuem com 50% para a produção de um mundo onde as outras potências industriais são devastadas pela guerra. Sob o guarda-chuva atômico, a reconversão das produções orientadas para a guerra em atividades civis se faz rapidamente. O dólar é a única moeda de referência mundial. Os Estados Unidos detêm, mas por pouco tempo, a exclusividade da bomba A. Ninguém contesta a escolha de Nova York como sede das Nações Unidas, de Washington para o Fundo Monetário Internacional e o Banco Mundial. Só a América pode, graças ao Plano Marshall, contribuir para o reerguimento econômico de uma Europa ocidental arruinada".

Indiscutivelmente o papel dos Estados Unidos como financiadores da reconstrução europeia e japonesa foi fundamental para alavancar os anos dourados do capitalismo do pós-Guerra. A reconstrução do Japão e da Alemanha Ocidental, e a integração desta na bem-sucedida Comunidade Europeia (atual União Europeia), foi fundamental para esse rápido crescimento. Por trás da ajuda norte-americana havia tanto interesses econômicos quanto geopolíticos. Segundo Wallerstein (1999, p. 2): "As of 1945, the u.s. had two major problems. It needed a relatively stable world order in which to profit form its economic advantages. And it needed to reestablish some effective demand in the rest of the world, if it expected to have customers for its flourishing productive enterprises. In the period 1945-55, the u.s. was able to solve both these problems without too much difficulty. The problems of world order was resolved in two part. On the one hand, there was the establishment of a set of interstate institutions – notably, the United Nations, the IMF, and the World Bank –, all of which the u.s. was able to control politically, and which provided the formal framework of order."

Escaldados pela crise de 1929 e a depressão dos anos 1930, os Estados Unidos, lançando mão de uma política econômica de abrangência mundial, inspirada nos preceitos keynesianos, idealizaram um ambicioso plano de auxílio econômico aos seus novos aliados na Europa Ocidental e no Leste da Ásia, tendo como pivôs nesses dois continentes a Alemanha Ocidental e o Japão, respectivamente. Era fundamental recuperar mercados para produtos e capitais norte-americanos evitando uma nova crise de superprodução, como ocorrera em 1929. Rememorando Keynes, esclarece Stiglitz (2002, p. 38): "Aqueles que se reuniram em Bretton Woods lembravam-se muito da depressão da década de 30. Há quase três quartos de século, o capitalismo teve de enfrentar sua crise mais séria até então. A Grande Depressão atingiu o mundo todo e elevou os índices de desemprego a níveis sem precedentes. No seu pior momento, um quarto da força de trabalho norte-americana estava desempregada. O economista britânico John Maynard Keynes, que mais tarde teria uma participação fundamental em Bretton Woods, apresentou uma explicação simples e um conjunto igualmente simples de diretrizes: a falta de demanda agregada suficiente explicava as quedas econômicas; as políticas governamentais poderiam ajudar a estimular a demanda agregada."

Além disso, o comunismo espreitava do outro lado da Cortina de Ferro. Assim, os Estados Unidos fizeram de tudo para viabilizar, no âmbito da Doutrina Truman, a contenção do expansionismo soviético, tanto no plano econômico, como no plano militar. Os Estados Unidos estavam empenhados, antes de tudo, em garantir seus interesses, viabilizando sua expansão econômica e a contenção comunista, e isso passava pela ajuda aos seus aliados.

Ao analisar aquele período da história contemporânea, Rosecrance (1987, p. 155) assevera: "La responsabilidad de esta apertura económica vino motivada en parte por las presiones ejercidas por los Estados Unidos, que no dudaron en realizarlas con ánimo de expansionar sus mercados de exportación. La motivación de esta actitud estaba condicionada en gran medida por el recuerdo de los años treinta, en los que el colapso financiero cortó los vínculos comerciales entre los distintos países, haciendo padecer sus consecuencias a todas las naciones y obligando a reducir su actividad a aquellas que dependían en mayor medida del comercio internacional. La depresión y la crisis económica fueron el caldo de cultivo que alimentó la desesperación y el descontento interior, y las que llevaron al poder en más de un Estado líderes radicales nacionalistas. Por el contrario, cuando existe un clima de prosperidad y de confianza en el futuro, éste contribuye a la estabilidad de los Gobiernos y al mantenimiento de unas relaciones exteriores más relajadas."

Essa atitude norte-americana evidenciava o quanto a economia mundial já estava interdependente. E com o passar dos anos essa interdependência só viria a crescer.

Ao pôr em prática o Plano Marshall e outros acordos econômicos na Ásia, os Estados Unidos estavam lançando o gérmen que mais tarde iria se traduzir em questionamento à sua hegemonia, pelo menos no campo econômico, por parte do Japão e da Europa Ocidental. Mas essa questão não se colocava naquele momento, o fundamental era evitar uma nova crise de proporções mundiais e a expansão do modelo socioeconômico soviético. Sob essa ótica, a intervenção norte-americana foi bem sucedida e a questão da concorrência era um problema que tiveram de enfrentar bem mais tarde. Aliás, a competição entre as multinacionais norte-americanas, japonesas e europeias foi também um vigoroso motor do crescimento capitalista e do avanço tecnológico ocorridos no período.

Em agosto de 1971 o então presidente Richard Nixon, diante dos problemas estruturais da economia norte-americana – perda de competitividade, elevação do déficit público e da dívida interna, desvalorização do dólar, alta da inflação –, de seu enfraquecimento relativo frente à Europa Ocidental e ao Japão e da impossibilidade de garantir a livre conversibilidade, acabou com a paridade ouro-dólar (35 dólares equivaliam a uma onça de ouro), e introduziu a livre flutuação, com a subsequente desvalorização do dólar frente às outras moedas fortes. Era o fim da ordem econômica mundial instituída em Bretton Woods, abrindo a possibilidade para a "desregulamentação" da economia no governo de Ronald Reagan (1981-1988), fundamental para a eclosão da globalização financeira no final dos anos 1980 e sobretudo nos 1990.

Complementando essa análise geopolítica, há dois outros enfoques para a rápida expansão econômica do pós-Segunda Guerra, para a gestação das bases que permitiram a eclosão da globalização. Ambos assentam-se numa análise estrutural da economia capitalista. Um, baseado na teoria regulacionista, outro, na noção de ciclos longos. Aquele defende que no pós-Segunda Guerra o fordismo estabeleceu-se como paradigma produtivo dominante e no pós-crise dos anos 1970 a produção flexível consolidou-se como um novo regime de acumulação, substituindo-o. Esse propõe que o pós-Guerra foi marcado por um ciclo de expansão da economia capitalista, pela fase A de Kondratieff (ambos serão tratados no capítulo "A dimensão socioeconômica").

NOTA

[1] Temos utilizado o termo multinacional porque acreditamos, na linha defendida por Batista Jr. (1997) e Hirst e Thompson (1998), entre outros, que as grandes corporações não são propriamente transnacionais. Apesar de atuarem em vários países, têm uma base nacional, à qual mantêm-se ligadas, onde são tomadas as decisões estratégicas, se concentram as pesquisas e o desenvolvimento tecnológico e, na maioria dos casos, seu principal mercado. Continuam sendo muito mais empresas internacionais do que transnacionais.

GLOBALIZAÇÃO COMO IDEOLOGIA

A GLOBALIZAÇÃO É UMA BOA DESCULPA

Atrelado ao desenvolvimento da globalização como processo histórico, como em qualquer outro, disseminaram-se certos discursos ideológicos; enfim, disseminou-se uma ideologia da globalização. Para analisarmos esta questão, nos deparamos com um problema: como definir ideologia? Não é tarefa fácil a definição desse conceito devido à sua histórica metamorfose, desde que foi inventado pelo filósofo francês Destutt de Tracy, ao publicar, em 1801, o livro *Elementos de ideologia*. Os "ideólogos", como eram conhecidos Tracy e seu grupo, de forma pretensiosa concebiam ideologia como uma nova disciplina filosófica, como a "ciência das ideias". No início o termo tinha um significado positivo, entretanto, a partir de Napoleão Bonaparte, que contestava os "ideólogos", e sobretudo depois de Karl Marx, passou a ter uma conotação negativa, que de forma geral ainda é a que impera hoje em dia.

Corroborando essa dificuldade de definição do conceito, Eagleton (1997, p. 15) diz que: "(...) o termo 'ideologia' tem uma série de significados convenientes, nem todos eles compatíveis entre si. Tentar comprimir essa riqueza de significado em uma única definição abrangente seria, portanto, inútil, se é que possível." Em seu livro, entre outras dezesseis definições, "listadas mais ou menos ao acaso", segundo ele, ideologia aparece como: "ideias que ajudam a legitimar um poder político dominante" (Eagleton, *op. cit.*). No item seguinte, assumindo um juízo de valor, ele acrescenta a palavra "falsas": "ideias falsas que ajudam a legitimar um poder político dominante" (Eagleton, *op. cit.*). Essa definição, muito comum na praça, retoma a tradição marxista de encarar ideologia como falsa consciência, como ilusão.

Numa tentativa de reconceituação acreditamos que, mais do que ilusão, ideologia é um embate comunicacional, é, portanto, uma tentativa de atribuição de sentido a formas simbólicas na disputa pelo poder, uma disputa que se dá entre setores das sociedades em redes, entre Estados, com a liderança do norte-americano, e entre empresas, sobretudo as grandes corporações, pelo controle dos aparatos que asseguram o controle do poder político e econômico em escala nacional e mundial. Assim concordamos com John Thompson quando critica a tradição marxista: "Se reformularmos o conceito de ideologia em termos da interação entre sentido e poder, podemos também evitar a tendência, comum tanto na literatura teórica, como também no uso cotidiano, de pensar a ideologia como uma pura *ilusão*, como uma imagem invertida e distorcida do que é 'real'. Essa visão tem sua inspiração numa passagem famosa e frequentemente citada em que Marx e Engels comparam a operação da ideologia com o trabalho de uma *câmara escura*, que reflete o mundo através de uma imagem invertida. Mas essa visão – atraente em sua simplicidade, alarmante em sua autoconfiança teórica – pode enganar-nos. Ela nos leva a pensar a ideologia como um conjunto de imagens ou ideias que refletem inadequadamente a realidade social que existe antes e independentemente dessas imagens e ideias" (Thompson, 2000, p. 19).

Depois de criticar a tradição marxista, hegemônica na tentativa de conceituar ideologia, Thompson propõe que esta seja vista como formas simbólicas usadas para sustentar relações de poder. Em suas próprias palavras: "As formas simbólicas através das quais nós nos expressamos e entendemos os outros não constituem um outro mundo, etéreo, que se coloca em oposição ao que é real: ao contrário, elas são parcialmente constitutivas do que em nossas sociedades é 'real'. Concentrando o estudo da ideologia no terreno das formas simbólicas contextualizadas, para as maneiras como as formas simbólicas são usadas para estabelecer e sustentar relações de poder, estamos estudando um aspecto da vida social que é tão real como qualquer outro. Pois a vida social é, até certo ponto, um campo de contestação em que a luta se trava tanto através de palavras e símbolos como pelo uso da força física. Ideologia, no sentido que eu proponho e discuto aqui, é uma parte integrante dessa luta; é uma característica criativa e constitutiva da vida social que é sustentada e reproduzida, contestada e transformada, através de ações e interações, as quais incluem a troca contínua de formas simbólicas" (Thompson, 2000, p. 19). Na mesma linha de raciocínio, a primeira definição de ideologia dada por Eagleton (1997, p. 15) é: "o processo de produção de significados, signos e valores na vida social". Se juntarmos essa definição com a primeira, mencionada acima (ideologia como ideias que ajudam a legitimar um poder político dominante), chegaremos muito próximos da proposta de Thompson.

Thompson (2000) propõe cinco modos gerais de operação da ideologia: legitimação, dissimulação, unificação, fragmentação e reificação. Acreditamos que todos eles, de uma maneira ou de outra, perpassam a ideologia da globalização; entretanto, o que é mais evidente e mais recorrente é sua reificação. É muito disseminada, evidentemente pelos que dela se beneficiam, a ideia de que a globalização é um fenômeno inelutável e incontrolável, como se fosse algo natural, a-histórico, escamoteando o fato de que se trata de um processo histórico criado pelas sociedades humanas. Para justificar essa afirmação recorremos novamente a Thompson (2000, p. 87): "Um quinto *modos operandi* da ideologia é a *reificação*: relações de dominação podem ser estabelecidas e sustentadas pela retratação de uma situação transitória, histórica, como se essa situação fosse permanente, natural, atemporal. Processos são retratados como coisas, ou como acontecimentos de um tipo quase natural, de tal modo que o seu caráter social e histórico é eclipsado. A ideologia *como* reificação envolve, pois, a eliminação, ou a ofuscação, do caráter sócio-histórico dos fenômenos – ou, tomando emprestada uma frase sugestiva de Claude Lefort, ela envolve o restabelecimento da 'dimensão da sociedade 'sem história', no próprio coração da sociedade histórica'."

Denunciando esse processo de reificação da globalização, Touraine (1996, p. 5-11) afirma: "Um discurso lançou raízes por todo o mundo, o discurso da globalização. Em poucos anos, ele transformou acontecimentos de fato relevantes numa visão de mundo e, mais precisamente, em ideologia. Sobretudo desde a queda do Muro de Berlim e do colapso de todas as formas de pensamento historicista e de política voluntarista, deixamo-nos arrebatar pela ideia de que o mundo era regido pelas leis impessoais da economia."

A ideologia da globalização no sentido atribuído por Thompson foi produzida sobretudo nos Estados dos países desenvolvidos, particularmente dentro de órgãos ligados ao governo dos Estados Unidos, e nos organismos multilaterais tais como o Banco Mundial, o FMI e a OMC. Essas instituições são fortemente influenciadas pelos países ricos e na prática controladas pelos norte-americanos (basta lembrar que, como principal sócio-contribuinte, somente os Estados Unidos têm poder de veto no FMI), e acabam sendo os veículos de difusão da agenda dos países desenvolvidos, sobretudo da potência hegemônica. Como assevera Joseph Stiglitz, profundo conhecedor dessas organizações: "Subordinado aos problemas do FMI e das outras instituições econômicas internacionais está o problema do controle: quem decide o que fazer e por que fazer. As instituições são controladas não só pelos países industrializados mais ricos do mundo, mas também pelos interesses comerciais e financeiros desses países; as políticas das instituições refletem isso" (Stiglitz, 2002, p. 45-6).

Finalmente, essa ideologia tem sido veiculada pela grande mídia internacional que, por estar sediada esmagadoramente nos territórios das principais potências econômicas, espelha seus interesses. Tal ideologia está claramente atrelada ao renascimento do discurso liberal nos anos 1980, após a crise do regime de acumulação fordista-keynesiano. Disso emerge uma série de medidas prescritivas na linha, radicalizando a afirmação de Touraine, de que "o mundo [deve ser] regido pelas leis impessoais da economia" (*op. cit.*). Difundiu-se inicialmente no Reino Unido e nos Estados Unidos, durante os governos Thatcher e Reagan, respectivamente. Depois espraiou-se para vários outros países, inclusive entre os subdesenvolvidos. Tratava-se de um questionamento do paradigma fordista-keynesiano, que pressupunha uma forte intervenção do Estado na economia e a existência de uma densa rede de proteção social aos trabalhadores, inerente ao *welfare state*. Voltou-se também contra o nacional-desenvolvimentismo, vigente principalmente na América Latina e que, baseado no modelo de industrialização substitutivo de importações, exigia economias relativamente fechadas.

Como frisa Chesnais (1996, p. 34): "A mundialização é o resultado de dois movimentos conjuntos, estreitamente interligados, mas distintos. O primeiro pode ser caracterizado como a mais longa fase de acumulação ininterrupta do capital que o capitalismo conheceu desde 1914. O segundo diz respeito às políticas de liberalização, de privatização, de 'desregulamentação' e de desmantelamento de conquistas sociais e democráticas, que foram aplicadas desde o início da década de 1980, sob o impulso dos governos Thatcher e Reagan."

Pode-se dizer que a globalização econômica é a tentativa de resolver, sob a hegemonia norte-americana, a crise de acumulação do capitalismo, evidenciada a partir de meados dos anos 1970. Desde então teve início a crescente disseminação do imperativo da competitividade. A prescrição: para ser competitivo, um país precisa baixar custos e reduzir as barreiras para a circulação de capitais e mercadorias, o que implica redução dos direitos sociais, das garantias da legislação trabalhista, enfim, do papel do Estado na economia e na sociedade. Essas medidas eram prementes para as empresas dos Estados Unidos ao longo dos anos 1980, pois estavam sendo acossadas pela concorrência japonesa e europeia. Como consequência, estavam perdendo mercados, perdendo terreno em termos de produtividade e competitividade no cenário econômico mundial. Ao mesmo tempo em que buscavam a redução dos custos de produção em seu mercado interno, que gradativamente passava a ser mais protegido por barreiras não tarifárias, tentavam abrir outros mercados para seus produtos e capitais. É nesse contexto que, no bojo do Consenso de Washington, os Estados Unidos difundem um discurso liberal, que evidentemente eles mesmos não praticam.

Dissemina-se, então, gradativamente, o discurso da inelutabilidade do processo de globalização. Não há nada a fazer contra ele, porque é uma tendência inevitável. Este discurso passa a ser incorporado pelas elites das sociedades dos países em desenvolvimento associadas às grandes empresas multinacionais e alinhadas ao governo dos Estados Unidos, principalmente na América Latina. Aquelas corporações, por sua vez, estavam interessadas em expandir mercados, sobretudo nessa região, tradicional zona de influência norte-americana. O projeto do governo dos Estados Unidos, lançado na Cúpula das Américas, realizada em Miami em dezembro de 1994, de criar a partir de 2005 a Alca (Área de Livre Comércio das Américas), só reforça esse ponto de vista, corroborando o ponto de vista de Thompson, e isso ficou mais evidente ainda com a chegada de George W. Bush ao poder.

Note que o discurso da inelutabilidade do processo de expansão capitalista e seu corolário de passividade não tem nada de novo. Veja o que escreve Lênin na época da expansão imperialista: "Kautsky discute com Cunow, apologista alemão do imperialismo e das anexações, cujo raciocínio, tão cínico quanto vulgar, é o seguinte: o imperialismo é o capitalismo contemporâneo; o desenvolvimento do capitalismo é inevitável e progressivo; logo, o imperialismo é progressivo; logo, é necessário nos curvarmos diante dele e glorificá-lo!" (Lênin, 1987, p. 92).

Assim, tentando justificar uma série de medidas danosas em termos de política econômica, supostamente para adaptação à nova realidade, e para sua melhor assimilação pela população, vários governos dos países em desenvolvimento têm lançado mão desse discurso. Tudo passa a ser justificado como consequência da globalização, como algo inelutável, incontrolável. O discurso dominante é: não há outro caminho a seguir, caso contrário o país ficará marginalizado no cenário internacional. Daí a padronização de políticas econômicas orientadas pelo receituário neoliberal em quase todos os países em desenvolvimento, particularmente na América Latina: abertura ao capital produtivo e especulativo internacional, privatizações de estatais, abertura do mercado para as importações, corte de benefícios sociais, políticas de combate à inflação atreladas ao câmbio sobrevalorizado (que favorece a entrada de produtos importados) e às altas taxas de juros (que favorece a entrada de capitais especulativos que obtêm alta lucratividade), entre outras medidas. As políticas econômicas passam a ser harmonizadas no sentido de criar as condições para a atração de capitais multinacionais, os grandes beneficiários da globalização, junto com seus associados nacionais. Assim, seguindo esse discurso dominante, o país que não o fizer ficará marginalizado no cenário internacional. Em outras palavras, para se tornar atraente para o capital multinacional, é necessário aumentar a produtividade espacial, o que tem levado à instauração de uma guerra dos lugares, como definiu Santos (1996). É o que os Estados, em suas três esferas, têm procurado fazer atualmente, numa crescente competição territorial pelos investimentos.

Fernando Henrique Cardoso, na condição de Presidente da República, enfatizou, em um discurso proferido no Colégio do México em fevereiro de 1996, a necessidade de o Estado criar as condições para o aumento da produtividade espacial:

"A globalização também tem contribuído para alterar o papel do Estado: a ênfase da ação governamental está agora dirigida para a criação e a sustentação de condições estruturais de competitividade em escala global. Isso envolve canalizar investimentos para a infraestrutura e para os serviços públicos básicos, entre os quais educação e saúde, retirando o Estado da função de produtor de bens, de repositor principal do sistema produtivo" (Cardoso, 1996, p. 1-6).

A justificativa para essas medidas pode ser encontrada em um outro texto seu, publicado na coletânea *O Brasil e a economia global*, na sugestiva seção *A globalização sob o ponto de vista sociológico*. Nele, Fernando Henrique Cardoso, falando como sociólogo, declarava:

"O Sul se encontra sob uma dupla ameaça – aparentemente incapaz de integrar-se, buscando seus próprios interesses, e tampouco capaz de evitar 'ser integrado' como servo das economias mais ricas. Os países (ou parte deles) incapazes de repetir a revolução do mundo contemporâneo e, ao mesmo tempo, encontrar um nicho no mercado internacional, terminarão no 'pior mundo possível'. Não valerão ao menos o trabalho de serem explorados; tornar-se-ão irrelevantes, sem qualquer interesse para a economia global em desenvolvimento.

Ainda assim, os países do sul que conseguirem se unir à revolução contemporânea, mesmo que parcialmente, enfrentarão um outro problema. Precisam definir como se integrarão (i.e. uma política seletiva de 'abertura de mercados', uma política industrial apropriada, uma política educacional que torne possível integrar as massas na cultura contemporânea, uma política de ciência e tecnologia capaz de sustentar o crescimento econômico etc.) sem ser tragados pela globalização da economia mundial" (Cardoso, 1996a, p. 12).

No texto acima transparece claramente a ideia de inelutabilidade do processo, então a pergunta que fica é: até que ponto Fernando Henrique Cardoso, embora também um crítico da ideologia da globalização, conforme se constata no trecho abaixo, também não lançava mão dessa ideologia para justificar a imposição por seu governo de uma série de medidas socioeconômicas que não satisfaziam o "interesse nacional"? Novamente de seu discurso no Colégio do México:

"Estamos vivendo transformações que reorganizarão a política e a economia do próximo século. A tarefa de dar sentido humano ao desenvolvimento na era da globalização tornou-se um grande desafio, porque temos de lidar não apenas com uma realidade radicalmente nova, mas principalmente com o vazio ético que a idolatria do mercado gerou e que o fim das utopias revolucionárias acirrou.

Se, com a globalização, a economia passa a condicionar o universo da produção e da gestão, o mesmo não se aplica ao universo dos valores. É preciso separar os fatos concretos acarretados pela globalização de uma pseudoideologia que se está construindo em torno do fenômeno, com matizes que vão da pregação acrítica e celebratória das 'virtudes' do sistema em gestação à afirmação da inevitabilidade da perda de relevância dos Estados nacionais" (Cardoso, 1996, p. 1-6).

Há um evidente descolamento entre o discurso feito pelo acadêmico-sociólogo, bem elaborado e apontando de forma precisa os principais problemas, ao mesmo tempo em que propondo soluções aparentemente corretas, e as ações do político-presidente, que além de atrelado a um bloco governista tradicional, conservador e fisiológico, teve de fazer concessões ao mercado para que o país supostamente não ficasse marginalizado.

Até que ponto o governo do presidente Fernando Henrique Cardoso não caiu em um vazio ético e sucumbiu à idolatria do mercado? Até que ponto não lançou mão da pseudoideologia, que o sociólogo criticava, para justificar sua política econômica? Será que o governo investiu prioritariamente em educação, para não mencionar outros setores sociais, e valorizou a ciência e a tecnologia para não cairmos no "pior mundo possível"? Milton Santos, entre muitos outros, mostrava-se cético quanto a isso:

"O discurso que ouvimos todos os dias, para nos fazer crer que deve haver menos Estado, vale-se dessa mencionada porosidade, mas sua base essencial é o fato de que os condutores da globalização necessitam de um Estado flexível a seus interesses. As privatizações são a mostra de que o capital se tornou devorante, guloso ao extremo, exigindo sempre mais, querendo tudo. Além disso, a instalação desses capitais globalizados supõe que o território se adapte às suas necessidades de fluidez, investindo pesadamente para alterar a geografia das regiões escolhidas. De tal forma, o Estado acaba por ter menos recursos para tudo o que é social, sobretudo no caso das privatizações caricatas, como no modelo brasileiro, que financia as empresas estrangeiras candidatas à compra do capital social nacional. Não é que o Estado se ausente ou se torne menor. Ele apenas se omite quanto ao interesse das populações e se torna mais forte, mais ágil, mais presente, ao serviço da economia dominante" (Santos, 2000, p. 66).

As indagações acima servem para evidenciar a dificuldade de se discernir até que ponto os governos respondem às reais necessidades postas pela globalização ou apenas se utilizam dela de forma ideológica para justificar sua política econômica, para justificar o atrelamento a conveniências de classes ou facções de classes e a interesses internacionais que ao serem satisfeitos jogam contra a maioria do povo e mesmo contra o "interesse nacional".

O fato é que ao longo dos anos 1990 muitos governos ideologizaram a globalização, reificaram-na, utilizando-a como uma boa desculpa para justificar políticas econômicas mal planejadas ou mesmo subservientes ao Consenso de Washington e ao mercado – esse ente mítico e todo-poderoso, também fortemente reificado, que hoje comanda tudo como se tivesse vida própria e não fosse controlado por pessoas –, políticas essas que acabaram levando seus países a crises econômicas e desagregação social.

O devir histórico está mostrando as consequências da política econômica adotada pelo governo de Fernando Henrique Cardoso: enorme elevação da relação dívida pública/PIB, necessidade de manter altas taxas de juros, aumento de nossa dependência externa, com a consequente redução da margem de manobra e das possibilidades de investimentos sociais no governo de Luiz Inácio Lula da Silva, visando estimular o crescimento econômico e a redução do desemprego. Mais emblemática, entretanto, é a situação da Argentina – um dos países que mais fielmente seguiu a cartilha neoliberal, que mais entusiasticamente abraçou o discurso da globalização e que mais sucumbiu aos ditames do mercado –, que com o colapso de sua economia foi abandonada à própria sorte pelo governo dos Estados Unidos e seus organismos – FMI e Bird – e ainda teve seus governantes responsabilizados por sua tragédia nacional, como se vivessem isolados do restante do mundo. Se alguma responsabilidade lhes pode ser imputada foi por terem seguido cegamente a ideologia da globalização e as doutrinas do Consenso de Washington.

Corroborando essa tese, Hirst e Thompson (1998, p. 14) afirmam: "Um efeito-chave do conceito de globalização tem sido o de paralisar estratégias nacionais de reformas radicais, de considerá-las inviáveis diante do julgamento e da sanção dos mercados internacionais." Na mesma linha, Paulo Nogueira Batista Jr., um dos principais críticos da ideologia da globalização, assevera: "Do ponto de vista de certo tipo de governo, a ideologia da globalização pode ser de grande utilidade. É uma linha de argumentação que desfruta da eterna popularidade das explicações que economizam esforço de reflexão. Funciona, muitas vezes, como cortina de fumaça. 'Globalização' vira uma espécie de desculpa para tudo, uma explicação fácil para o que acontece de negativo no país. Governos fracos e omissos servem-se dessa retórica para isentar-se de responsabilidade, transferindo-a para um fenômeno impessoal e vago, fora do controle nacional. A ampla divulgação de avaliações superficiais das tendências internacionais acaba contribuindo para obstruir o debate sobre a política econômica e social e para dificultar a identificação dos erros das autoridades governamentais.

É o que vem ocorrendo no Brasil no passado recente. Problemas provocados por decisões ou omissões do governo nacional têm sido sumariamente descarregados em cima da 'globalização'." (Batista Jr., 1997, p. 3-4).

Seguindo na linha proposta por Thompson (2000), deve ser lembrado que, como qualquer outra, a ideologia da globalização disseminou-se porque tem respaldo na realidade e porque legitima o poder e os interesses de certos setores sociais nacionais e internacionais. Muitos dos fenômenos imputados à globalização podem ser identificados na realidade, ocorrendo, muitas vezes, apenas uma variação de grau e de lugar. Por exemplo, é verdade que a globalização provoca desemprego, devido à mobilidade das empresas multinacionais e à competição que estimula a introdução de novas tecnologias ao processo produtivo, mas nem todo desemprego pode ser creditado a ela, nem em todos os países. É verdade que esse fenômeno tem enfraquecido os Estados nacionais, mas daí a pregar sua total imobilidade ou, pior, proclamar seu fim, já é exagero. Sem contar que o enfraquecimento dos Estados, além de desigual, é relativo. Como consequência da globalização os Estados Unidos estão, na verdade, se fortalecendo frente aos outros Estados nacionais. O Brasil, por outro lado, apesar da condição de país periférico, evidentemente tem mais condições de fazer frente à globalização do que a maioria dos Estados dos países em desenvolvimento (o papel do Estado frente à globalização será analisado no capítulo "A dimensão política").

Nesses casos fica evidente o emprego do segundo *modos operandi* da ideologia apontado por Thompson (2000), a dissimulação, em que se utiliza a sinédoque como figura de linguagem, estendendo para o todo o que é válido somente para parte.

Há vários outros aspectos da ideologia da globalização, alguns dos quais serão tratados ao longo dos próximos capítulos.

A DIMENSÃO SOCIOECONÔMICA

A ACELERAÇÃO DOS FLUXOS DE CAPITAIS E MERCADORIAS

A dimensão econômica da globalização é de longe a mais analisada, a mais debatida. Talvez porque seus impactos no cotidiano das pessoas são mais imediatos ou porque há uma hegemonia dos economistas nesse debate. O fato é que, como consequência disso, muitos analistas tendem a ver a globalização como um fenômeno apenas econômico. Entretanto, como temos mencionado, a globalização apresenta várias dimensões. Aliás, nos parece mais apropriado em termos analíticos enfocar sua dimensão econômica colada à sua dimensão social, por isso a partir de agora falaremos em dimensão socioeconômica, embora sem a pretensão de esgotar todos os impactos sociais e econômicos da globalização.

Como já mencionamos, a globalização é o estágio da expansão capitalista em sua atual fase informacional. Consequentemente, como resultado dos grandes avanços técnico-científicos, tem havido uma crescente aceleração em todos os setores da vida. No campo da economia, tem havido um enorme crescimento dos fluxos de capitais (produtivos e especulativos) e de mercadorias pelo mundo, conforme pode ser constatado pela observação das tabelas nas páginas 147 e 153.

Após a Segunda Guerra o comércio cresceu mais que o dobro do produto mundial bruto. Ou seja, as economias mundiais ficaram mais interdependentes. Esta tendência manteve-se ao longo dos anos 1990, como se observa na Figura 1 (Anexo).

Como se percebe pela análise do gráfico, essa tendência histórica de crescimento só foi afetada no início deste século, quando as exportações mundiais caíram 1,5% enquanto o produto mundial bruto cresceu 1,5%. Essa contração do comércio mundial já é repercussão da crise nos setores de tecnologias da informação, do colapso da chamada nova economia que atingiu as bolsas norte-americanas, sobretudo a Nasdaq, e parcialmente dos atentados do 11 de setembro de 2001. Não há dúvidas de que esses incidentes e seus desdobramentos, como a guerra no Afeganistão, a guerra contra o Iraque, o aumento dos controles nos aeroportos, o crescimento da desconfiança em relação aos estrangeiros nos países desenvolvidos, têm conspirado contra o processo de globalização. Muito mais do que a redução do comércio, provocaram uma acentuada queda no fluxo de turistas pelo mundo, precipitando uma grave crise nas empresas de aviação, agências de turismo, hotéis e em outras empresas que atuam nesse importante setor da economia mundial.

A expansão histórica do comércio mundial foi resultado de acordos interestatais no âmbito do Gatt (OMC, desde 1995), mas também da dinâmica do próprio capitalismo. Com o crescimento das corporações nos países do centro do sistema capitalista e com o aumento da competitividade entre elas, houve uma crescente busca de novos mercados para o escoamento de seus produtos e a implantação de novas plantas industriais aproveitando as vantagens competitivas oferecidas por muitos países periféricos. Esse movimento colaborou para industrialização dos países conhecidos como *NICs* (do inglês, *Newly Industrialized Countries*), atualmente também chamados de economias emergentes, no jargão dos agentes que comandam a globalização econômica, sobretudo a financeira. Os países emergentes são: Brasil, México, Argentina, Chile, China, Índia, Tigres Asiáticos (velhos e novos), e alguns países antes socialistas como a Polônia, a República Tcheca, a Rússia etc.

Ao se observar a distribuição dos fluxos de capitais produtivos pelo mundo (ver tabelas na página 147) fica evidente que a maior parte das trocas de investimentos externos diretos ocorrem entre os países do centro do sistema e o que sobra para a periferia concentra-se basicamente nas economias emergentes.

Porém, a mais peculiar faceta da globalização econômica encontra-se no sistema financeiro. As movimentações financeiras cresceram muito mais do que o produto mundial bruto, o fluxo de mercadorias e mais até do que o fluxo de capitais produtivos. Como resultado da "desregulamentação" imposta pelos Estados Unidos ao longo das décadas de 1970 e 1980, após o colapso do sistema de Bretton Woods, houve um crescimento exponencial do fluxo de capitais especulativos pelo mundo. Embora não haja informações precisas, a sucessão de crises atingindo vários países ao longo dos anos 1980 e sobretudo 1990 evidencia o quão gigantesco e influente é o sistema financeiro globalizado. Como esclarece Santos (1996, p. 166): "Paralelamente a atividade financeira ganhou autonomia, justificando-se a si mesma e ganhando um volume muitas vezes maior que o comércio de mercadorias. Cada vez que se troca um dólar de mercadoria, trocam-se 40 dólares no mercado financeiro."

O fluxo financeiro é o mais veloz e aquele que melhor representa a globalização. Como frisa Chesnais (1996, p. 239): "A esfera financeira representa o posto avançado do movimento de mundialização do capital, onde as operações atingem o mais alto grau de mobilidade, onde é mais gritante a defasagem entre as prioridades dos operadores e as necessidades mundiais."

Não é difícil entender a hegemonia do setor financeiro na globalização econômica. Como resultado dos avanços tecnológicos nas telecomunicações e na informática o dinheiro tornou-se eletrônico, desmaterializado, virtual. Na era informacional transformou-se mesmo em mais uma informação. Assim, transferir grandes somas de dinheiro de um lugar para o outro se tornou uma atividade relativamente simples, que se restringe quase a somente digitar números e códigos em um teclado. O dinheiro transformou-se em números nas telas de computadores e entrou no circuito de informações que circulam em tempo real pelo mundo. Os capitais especulativos de curto prazo ganharam grande mobilidade no mundo por conta dessa combinação entre o avanço das técnicas de informática e telecomunicação e a crescente "desregulamentação" financeira. Milton Santos faz um importante alerta sobre essa questão: "Ao contrário do imaginário que a acompanha, a desregulação não suprime as normas. Na verdade, desregular significa multiplicar o número de normas" (Santos, 1996, p. 219). Por isso grafamos a palavra desregulamentação entre aspas.

No capitalismo globalizado, a expressão "tempo é dinheiro" foi levada às últimas consequências. Nunca o capital se reproduziu tão rapidamente quanto agora. Nunca a fórmula D – D' foi tão perfeita para apreender a acumulação capitalista. Foi com base na análise da globalização financeira que O'Brien (1991) publicou o livro *Global financial integration: the end of geography*, no qual, como se evidencia no próprio título, decretou o "fim da geografia", reduzindo o espaço geográfico, de forma simplista, ao espaço geométrico dos fluxos financeiros.

Já os capitais produtivos têm maior perenidade, pois se instalam no território visando lucros com a produção e a prestação de serviços. Isso implica a construção de fábricas, lojas, supermercados etc., a compra de equipamentos e matérias-primas e a contratação de trabalhadores. Os capitais produtivos ainda têm algum envolvimento com o território, com o lugar onde se instalam. O capital especulativo não tem envolvimento praticamente nenhum, daí seus sugestivos apelidos: *smart money*, *hot money* e *swallow*[1] *money*.

O fluxo de mercadorias é menos veloz que o fluxo financeiro, por razões óbvias. As mercadorias são bens materiais, isso implica transportá-las em caminhões, trens ou barcos até um porto ou aeroporto para embarcá-las. O mesmo deve ser dito em relação ao fluxo de pessoas. Há cada vez menos barreiras para a circulação do fator capital – em linhas gerais o mesmo se aplica às mercadorias –, no entanto, há crescentes barreiras dificultando a circulação do fator trabalho, pelo menos dos trabalhadores de baixa qualificação. Esse é um dos aspectos mais perversos da globalização e tem enfraquecido a luta dos trabalhadores em escala mundial (retornaremos a esse tema no capítulo "A dimensão espacial: um enfoque geográfico da globalização", quando abordaremos o fluxo de pessoas).

Como veremos a seguir, os trabalhadores tiveram dias melhores na era fordista.

O REGIME DE ACUMULAÇÃO FORDISTA

O regime de acumulação fordista, regulado pelo keynesianismo, é um paradigma explicativo para a expansão do capitalismo defendido inicialmente pelos chamados regulacionistas franceses como Michel Aglietta, Robert Boyer e Alain Lipietz. Depois outros pesquisadores, como David Harvey e Jacob Gorender, também passaram a utilizá-lo. Essa teoria busca compreender o que sustentou a contínua expansão capitalista nas três décadas posteriores à Segunda Guerra. Defende que o capitalismo passou por diferentes regimes de acumulação ao longo de sua história e que, coerente com determinado regime, deveria coexistir um determinado modo de regulação.

Até a Primeira Guerra, vigorou um regime de acumulação extensivo, assentado na expansão das indústrias de bens de produção, no qual a demanda para bens de consumo crescia muito lentamente. Nessas condições o modo de regulação concorrencial estava bem adaptado. No entanto, quando pioneiramente o industrial Henry Ford pôs em prática em sua fábrica de automóveis em Michigan (Estados Unidos) as teorizações de Frederick Taylor sobre a organização científica do trabalho e do controle dos tempos de sua execução, uma nova revolução estava por acontecer. À medida que essa nova forma de produção foi se espraiando pela indústria norte-americana, sua produtividade aumentou significativamente, num ritmo muito mais rápido do que a indústria europeia e japonesa (o fordismo só as atingiu após a Segunda Guerra). Isso exigiu a expansão da demanda para os bens de consumo produzidos em maior escala. É exatamente aqui que ocorre uma inadequação entre o regime de acumulação fordista que estava nascendo e o modo de regulação concorrencial que já estava ultrapassado (Lipietz, 1988, 1991). A expansão mais rápida da produção em relação à demanda acabaria redundando numa crise de superprodução – esta é uma das explicações para a crise de 1929.

Assim, tornava-se premente a implantação de um novo modo de regulação condizente com o regime de acumulação que estava surgindo. É nesse contexto que gradativamente vai se tornando consenso entre governos, empresários e trabalhadores dos países industriais, a começar pelos Estados Unidos, a adoção de políticas econômicas keynesianas. Trata-se de novas práticas na relação Estado-capital-trabalho. Sem lançar mão do jargão dos regulacionistas, Rosecrance (1987, p. 156) chega à mesma conclusão: "La década de 1930 trajo consigo en numerosos países la transformación de una serie de premisas básicas en materia de política interior. La Gran Depresión de 1929-37 convenció tanto a los políticos como al resto de la población, de que el empleo y el bienestar social constituían el principal objetivo de un Gobierno, y que se trataba de unas cuestiones demasiado importantes para dejarlas en manos de las vicisitudes de los mercados privados y del buen funcionamiento del sistema de libre empresa. Por lo tanto, los Gobiernos de los países democráticos – y por supuesto los de muchos otros – se vieron obligados a actuar de tal forma que garantizasen unos niveles mínimos de seguridad social y de nivel de vida. Este objetivo no sólo podían conseguirlo mediante el clásico recurso Keynesiano de 'cebar la bomba', es decir, a base de incrementar el gasto público, aunque fuese a costa de incurrir en déficits presupuestarios."

É o momento de definir o significado de dois conceitos-chave utilizados pela escola da regulação. De acordo com Lipietz (1991, p. 28): "Um regime de acumulação. São a lógica e as leis macroeconômicas que descrevem as evoluções conjuntas, por um longo período, das condições da produção (produtividade do trabalho, grau de mecanização, importância relativa dos diferentes ramos), bem como as condições de uso social da produção (consumo familiar, investimentos, despesas governamentais, comércio exterior). Um modo de regulação. É a combinação dos mecanismos que efetuam o ajuste dos comportamentos contraditórios, conflituosos, dos indivíduos, aos princípios coletivos do regime de acumulação. Essas formas de ajuste são, antes de tudo, apenas (...) o costume, a disponibilidade dos empresários, dos assalariados, de se conformar a esses princípios, por reconhecê-los (mesmo a contragosto) como válidos ou lógicos. E há, sobretudo, formas institucionalizadas: as regras do mercado, a legislação social, a moeda, as redes financeiras. Essas formas institucionalizadas podem vir do Estado (leis, circulares; o orçamento público), ser privadas (as convenções coletivas) ou semipúblicas (a previdência social do tipo francês)."

Para viabilizar o regime de acumulação fordista que estava nascendo, calcado num aumento constante da produtividade e da produção, era fundamental resolver a questão da demanda. Era necessário criar um novo compromisso social para viabilizar a expansão capitalista sem o risco de uma nova crise. É nesse ponto que o keynesianismo tem a resposta e gradativamente vai se firmando como o novo modo de regulação. O novo compromisso social assentava-se num constante aumento salarial, que ensejava a incorporação das massas trabalhadoras ao consumo. Isso, evidentemente, só se viabilizou devido aos crescentes ganhos de produtividade dentro da indústria, graças às técnicas e métodos de produção fordista-tayloristas.

Os trabalhadores, pelo seu trabalho alienado, repetitivo e sem criatividade, eram recompensados com salários em ascensão, o que lhes permitia consumir cada vez mais, aumentando o padrão de vida geral. Ao mesmo tempo, aumentava o número de postos de trabalho, o desemprego era quase residual. Aos capitalistas, a situação acenava com maiores lucros, já que os ganhos salariais eram compensados pelo crescente aumento de produtividade e garantiam a ampliação dos mercados. O Estado era beneficiado com maiores receitas, como resultado da expansão econômica, o que lhe permitiu construir, sobretudo nos países da Europa Ocidental e no Japão, uma densa rede de proteção social, dando ao capitalismo uma "face humana". Houve uma melhoria significativa das condições de vida das massas trabalhadoras, ao mesmo tempo em que se afugentou o espectro do comunismo, anulando qualquer pretensão de transformação revolucionária da estrutura socioeconômica. Assim que as massas trabalhadoras são alçadas à condição de classe média tendem a tornar-se refratárias às transformações revolucionárias.

No capítulo "A globalização como processo histórico", a propósito das consequências políticas da depressão dos anos trinta, Rosecrance (1987) afirmou que a depressão e a crise econômica foram o caldo de cultura que alimentou a desesperança e o descontentamento interno, o que acabou levando ao poder, em mais de um Estado, líderes nacionalistas radicais. Ele falava da ascensão do nazifascismo que acabou por levar o mundo à Segunda Guerra e a Europa e o Japão à destruição e ao enfraquecimento. Parece que as elites dirigentes dos países europeus ocidentais, do Japão e dos Estados Unidos aprenderam a lição. Aquelas, por dura experiência própria e essa, numa posição mais cômoda, por observar as desventuras de seus congêneres no período entreguerras. Como consequência, consolidou-se, em maior ou menor grau, o *welfare state*, na Europa Ocidental e no Japão, pelas mãos dos social-democratas, trabalhistas, democratas-cristãos e liberal-democratas. Nos Estados Unidos o *welfare state* sempre foi mais limitado devido à hegemonia do pensamento liberal na sociedade norte-americana.

O Estado passou a ter um papel fundamental no sentido de ensejar as condições de criação e ampliação da demanda, medida fundamental para a sustentação do regime de acumulação fordista. Para os regulacionistas, foi o compromisso fordista-keynesiano que criou as condições para a longa fase de crescimento contínuo do capitalismo no pós-Segunda Guerra, período que, não sem razão, muitos denominam de "os trinta anos gloriosos". Foi a época em que ocorreram os maiores avanços das conquistas sociais e trabalhistas nos países industriais. Foi o período de maior poder e organização dos sindicatos, quando o capitalismo quase atingiu a utopia keynesiana do pleno emprego.

Esse processo, porém, não foi tranquilo; houve muitos conflitos entre capital e trabalho. Certamente, a organização sindical e a mobilização política dos trabalhadores foram componentes importantes para explicar os crescentes aumentos salariais e a melhoria de suas condições de vida. A diferença é que na época as demandas dos trabalhadores podiam ser atendidas, porque a produtividade crescia constantemente. Outro ponto fundamental que precisa ser destacado é que, parafraseando com ressalvas o título do filme de Elio Petri: nem toda a classe operária foi ao paraíso. O núcleo central da produção fordista, o núcleo dos integrados e, por assim dizer, privilegiados, era composto basicamente por homens brancos do sexo masculino, moradores dos países desenvolvidos. Assim, mesmo dentro desses países havia muitos setores sociais marginalizados das conquistas do fordismo: as mulheres, os negros e os imigrantes (Harvey, 1993). Apesar do grande crescimento econômico, da baixa taxa de desemprego, do crescimento dos salários e do consumo, foi um período marcado por manifestações de descontentamento, pela busca de autoafirmação de amplos setores da sociedade dos países desenvolvidos, principalmente ao longo da década de 1960, como atestam as rebeliões de 1968 em vários países, a luta por direitos civis dos negros norte-americanos e as mobilizações feministas em diversos lugares.

Entretanto, o crescimento econômico seria interrompido em meados dos anos 1970 quando teve início o esgotamento do paradigma produtivo fordista-keynesiano, sobretudo pelas dificuldades de se manter um aumento constante da produtividade. Assim, as economias dos países desenvolvidos entraram em crise, provocando uma elevação do desemprego, como se constata pela observação da tabela a seguir.

Taxa de desemprego em países selecionados
(em porcentagem da população ativa)

País\Ano	1969	1973	1975	1980	1983	1990	1995	2000	2001
EUA	3,4	4,8	8,3	7,0	9,6	5,6	5,6	4,0	4,8
Japão	1,1	1,3	1,9	2,0	2,6	2,1	3,2	4,7	5,0
R. Unido	-	2,6	4,0	6,8	11,7	5,9	8,3	3,8	3,3
França	2,4*	2,7	4,0	6,4	8,4	8,9	11,4	9,5	8,7
Itália	5,4*	6,4	5,9	7,6	9,9	11,0	11,3	10,5	9,5
Holanda	1,4	2,8	5,0	4,6	13,9	5,9	7,0	2,6	2,0
Austrália	1,8	2,3	4,9	6,1	10,0	6,9	8,4	6,4	6,8

Fonte: Organização Internacional do Trabalho. Disponível em: <http://laborsta.ilo.org>. Acesso em: 6 mar. 2003. *1970.

À crise estrutural do capitalismo somou-se a brusca elevação dos preços do barril do petróleo nos choques de 1973 e de 1979 (muitos até hoje creem que os árabes foram os únicos responsáveis pela crise), agravando o desemprego, como mostrou a tabela. A partir de então os governos dos países industrializados passam a adotar políticas de contenção da inflação, tendo como resultado baixas taxas de crescimento econômico. Os custos de produção nesses países aumentaram como consequência da elevação salarial e dos custos sociais, havendo uma tendência geral de queda nas taxas de lucros. Assim, tem início uma série de transformações no capitalismo central, com o intuito de superar as contradições do regime de acumulação fordista e do modo de regulação keynesiano. Nas palavras de Harvey (1993, p. 140): "a profunda recessão de 1973, exacerbada pelo choque do petróleo, evidentemente tirou o mundo capitalista do sufocante torpor da 'estagflação' (estagnação da produção de bens e alta inflação de preços) e pôs em movimento um conjunto de processos que solaparam o compromisso fordista. Em consequência as décadas de 70 e 80 foram um conturbado período de reestruturação econômica e de reajustamento social e político. No espaço social criado por todas essas oscilações e incertezas, uma série de novas experiências nos domínios da organização industrial e da vida social e política começou a tomar forma. Essas experiências podem representar os primeiros ímpetos da passagem para um regime de acumulação inteiramente novo, associado com um sistema de regulação política e social bem distinto".

Provisoriamente, Harvey (1993) chamou esse novo paradigma da produção capitalista ainda em estruturação de regime de acumulação flexível. Lipietz (1991) chamou-o de liberal-produtivismo.

Essa transição de um regime de acumulação, com seu respectivo modo de regulação, para outro inteiramente novo, coincide com uma etapa do capitalismo que vem sendo chamada de globalização.

A ETAPA DA GLOBALIZAÇÃO: O REGIME DE ACUMULAÇÃO FLEXÍVEL

O regime de acumulação flexível foi a resposta para as crescentes contradições do fordismo, uma adaptação do sistema produtivo capitalista às suas novas necessidades, que já não eram satisfeitas pela regulação keynesiana. Como foi mencionado, a produção fordista atingiu um limite em que se esgotaram as possibilidades de crescimento da produtividade, ao mesmo tempo em que continuavam as pressões dos sindicatos por aumentos salariais. A combinação desses dois fatos reduzia a acumulação de capitais, levando a uma queda nas taxas de lucros. Somando-se a isso, havia ainda a competição dos novos países industrializados, calcada fundamentalmente na alta taxa de exploração do trabalho, onde se implantava uma industrialização fordista competitiva (Harvey, 1993) ou um fordismo periférico (Lipietz, 1988).

O regime de acumulação flexível foi a saída encontrada para a continuidade da acumulação capitalista, particularmente nos países do centro do sistema, sendo um dos aspectos centrais do processo de globalização. Foram gestadas novas relações de produção, novos processos produtivos e novos produtos. Buscou-se racionalizar a produção, cortando custos. A palavra de ordem passou a ser competitividade. "Quando 'o planeta constitui nesse fim de século, um campo único para a concorrência' (Ph. Defarges, 1993, p. 53) uma nova palavra se instala no vocabulário da economia e da política, a competitividade. (...) Tudo o que serve à produção globalizada também serve à competitividade entre as empresas: processos técnicos, informacionais e organizativos, normas e desregulações, lugares. Tudo o que contribui para construir o processo de globalização, como ele atualmente se dá, também contribui para que a relação entre as empresas – e, por extensão, os países, as sociedades, os homens – esteja fundada numa guerra sem quartel" (Santos, 1996, p. 168-9). Novos processos produtivos passam a ser implantados no interior das fábricas. A economia de escala, desenvolvida do interior da grande planta fabril, típica da produção fordista, gradativamente foi sendo superada pela economia de escopo, de produção descentralizada em escala nacional e mundial e, muitas vezes, em plantas menores.

Muitos dos processos produtivos desenvolvidos pelo engenheiro japonês Taiichi Ohno e aplicados inicialmente na fábrica da Toyota no Japão, já no final dos anos 1950, passam a ser copiados em muitos lugares do mundo. Começa-se a falar em toyotismo, em vez de fordismo. Substituindo a produção em série, o trabalho parcelar e repetitivo, típico da fábrica fordista, tão bem representado no filme *Tempos modernos* de Charles Chaplin, passa-se gradativamente a utilizar as equipes de trabalho ou células de produção. Nesse novo método organizacional, cada equipe é encarregada de todo o processo produtivo. O controle de qualidade feito pela própria equipe, através dos Círculos de Controle de Qualidade (CCQ), leva a baixar significativamente os defeitos das peças, além de reduzir o próprio número de empregados. Além disso, passam a ser introduzidas no processo produtivo máquinas cada vez mais sofisticadas, de controle numérico computadorizado, por exemplo. E, finalmente, os robôs, que inicialmente desempenhavam as tarefas repetitivas mais perigosas e insalubres, mas, com o passar do tempo, muitas outras, antes feitas por operários. Obviamente que o aumento da composição orgânica do capital no interior das fábricas, que se tornam cada vez mais capital-intensivas, acaba por provocar deslocamentos de trabalhadores, particularmente para o setor de serviços, e, em muitos países, aumento do número de desempregados. Essa nova realidade passa a exigir uma flexibilidade e uma qualificação muito maior dos trabalhadores, além de maior envolvimento com a empresa, claro, dos que permanecem empregados.

Como se pode constatar, observando novamente a tabela da página 74, como resultado da crise capitalista e dos choques petrolíferos, o desemprego aumentou em todos os países nos anos 1970, atingindo um pico no início dos anos 1980. A partir daí houve uma pequena recuperação do nível de emprego no início dos anos 1990, que depois voltou a cair em meados daquela década. Nos anos 1990 já não houve um padrão comum para todos os países;

enquanto o desemprego no Japão cresceu constantemente devido à crise que o país atravessou no período, outros como Reino Unido e Holanda, a partir de meados daquela década, apresentaram queda constante nas taxas de desemprego. Os Estados Unidos, depois de uma queda semelhante, apresentaram elevação do desemprego em 2001, já prenunciando o baixo dinamismo econômico da era Bush. O que se percebe, no entanto, é que mesmo com a recuperação da economia mundial, nenhum país atingiu os índices de emprego vigentes antes da crise dos anos 1970 e isso é resultado dos arranjos técnico-organizacionais no processo produtivo, como resultado da produção flexível e da globalização.

Outros métodos de racionalização da produção identificados com o toyotismo são disseminados dentro da indústria, como o *just in time* e o *kanban*. O primeiro busca estabelecer uma sintonia fina entre a fábrica e os fornecedores de peças, componentes e matérias-primas, eliminando ou reduzindo drasticamente os estoques. O segundo procura racionalizar o fluxo de peças ou matérias-primas no interior da fábrica entre as diversas seções ou equipes de trabalho. Como o aviso da necessidade de insumos inicialmente era feito através de um cartão, esse método de produção ficou conhecido como *kanban* (cartão, em japonês).

A redução de estoques e a eliminação de tempos mortos são uma poderosa forma de reduzir custos. Na realidade a disseminação do toyotismo implicou o aumento da taxa de exploração do trabalhador. Sobre isso Gorender (1996, p. 8) esclarece: "tal administração é estressante não somente por motivo da tensão provocada pela vigilância coletiva. O estresse procede também e não menos do *kaizen* – norma de aperfeiçoamento ininterrupto, a qual fustiga o empregado com a inquietação da busca incessante. O objetivo de zero-defeitos, visando à qualidade ótima, disciplina os trabalhadores na medida em que lhes impõe concentração mental estafante na tarefa a realizar. A tudo isso se adiciona o *andon* – dispositivo visual que orienta os trabalhadores de cada seção a respeito do ritmo de trabalho e permite à gerência acelerá-lo quando conveniente.

Por conseguinte, a organização japonesa, ao mesmo tempo em que impele uma parte dos operários a níveis mais altos de qualificação, submete-os a uma intensidade de trabalho maior do que a da esteira de montagem fordista. Os tempos mortos são anulados precisamente para serem substituídos por tempos de trabalho vivo. O esforço se intensifica e aumenta o gasto de energias psicossomáticas dos operários. Enquanto continua com a administração – como é inerente à organização fabril – a prerrogativa hierárquica da fixação de metas para as equipes, da avaliação do desempenho individual e da designação para os postos de trabalho."

Assim, a produção flexível e seu principal método de produção – o toyotismo – sofisticaram a exploração dos trabalhadores e para grande parte deles as condições de trabalho pioraram. O toyotismo foi introduzido em indústrias de alta tecnologia, portanto, no topo da organização capitalista, onde está a elite dos trabalhadores. Aí se encontram os mais bem remunerados e os que têm as maiores garantias trabalhistas. Paralelamente ao toyotismo, que é típico do centro do sistema capitalista, disseminaram-se, juntamente com o desemprego, novas relações de trabalho nas quais os salários são mais baixos e as garantias trabalhistas, menores ou inexistentes; relações, enfim, nas quais a taxa de exploração é maior. Essa precarização das relações de trabalho tem se implantado principalmente na periferia do capitalismo, mas também nos países centrais: subcontratação – principalmente em firmas terceirizadas – trabalho temporário, trabalho em tempo parcial, trabalho familiar (relação patriarcal) em microempresas de fundo de quintal e até trabalho sem remuneração alguma (Harvey, 1993). Na maioria das vezes são contratações sem nenhum tipo de registro, portanto, à margem da legislação trabalhista, da economia formal. A economia informal tem crescido em quase todos os países do mundo.

Os grupos sociais marginalizados durante a vigência do paradigma fordista – as mulheres, os negros, os imigrantes – estão sendo incorporados ao mercado de trabalho, em detrimento dos trabalhadores brancos do sexo masculino que formaram a base do combativo sindicalismo do período fordista. Mas, de maneira nenhuma isso pode ser encarado como um avanço progressista, como uma verdadeira incorporação desses grupos outrora marginalizados. Isso significa, na prática, uma piora das condições de vida para os trabalhadores em geral. Como salienta Harvey (1993, p. 144-5): "Embora seja verdade que a queda da importância do poder sindical reduziu o singular poder dos trabalhadores brancos do sexo masculino nos mercados do setor monopolista, não é verdade que os excluídos desses mercados de trabalho – negros, mulheres, minorias étnicas de todo tipo – tenham adquirido uma súbita paridade (exceto no sentido de que muitos operários homens e brancos tradicionalmente privilegiados foram marginalizados, unindo-se aos excluídos). Mesmo que algumas mulheres e algumas minorias tenham tido acesso a posições mais privilegiadas, as novas condições do mercado de trabalho de maneira geral reacentuaram a vulnerabilidade dos grupos desprivilegiados (como logo veremos no caso das mulheres)."

Assim, o discurso dominante hoje no mundo é o da flexibilização das legislações trabalhistas, propondo a redução das garantias e das conquistas do período fordista. O movimento sindical está enfraquecido em todos os países, inclusive nos países desenvolvidos, e mesmo naqueles onde o sindicalismo foi fortemente arraigado e combativo. Vários motivos têm colaborado para isso: a competição das novas tecnologias e dos novos processos produtivos, que tem provocado desemprego estrutural, a fragmentação da grande planta com a ênfase na economia de escopo em detrimento da economia de escala, a difusão geográfica da produção, a concorrência dos trabalhadores até então marginalizados e, por fim, a competição da força de trabalho mal remunerada dos países subdesenvolvidos.

Da maneira como foi feita a afirmação acima, a vítima transformou-se em vilão – e o problema muitas vezes é enfocado desta maneira, haja vista a pressão dos sindicatos dos países ricos para a inclusão de cláusulas *antidumping* social nas relações comerciais. Para melhor elucidar esse ponto é necessário discutir um dos aspectos cruciais do regime de acumulação flexível, consequentemente, um dos aspectos cruciais da própria globalização: a questão dos avanços tecnológicos nas telecomunicações e nos transportes. Como consequência desses avanços, as grandes corporações ganharam enorme flexibilidade na alocação dos seus investimentos no espaço geográfico mundial. Aumentou significativamente sua mobilidade na busca de lugares que oferecem custos menores de produção. Como nos lembra Wallerstein (1999, p. 4): "We have had very large shifts of production from North America, Western Europe, and even Japan to other parts of the world-system, which have consequently claimed that they were 'industrializing' and therefore developing. Another way of characterizing what happened is to say that these semiperipheral countries were the recipients of what were now less profitable industries. And we have had a rise in unemployment everywhere – in most countries of the South to be sure, but in the North as well." Com isso muitos países da periferia do capitalismo romperam com a tradicional divisão internacional do trabalho, mas ao mesmo tempo criou-se uma nova divisão do trabalho dentro do grupo dos países industrializados.

Como consequência, como já foi lembrado no capítulo "A globalização como ideologia", a produtividade espacial cada vez mais passa a ser considerada um dado essencial na escolha das localizações (Santos, 1996). Isso tem permitido uma aceleração da circulação e da acumulação capitalistas. O mercado, mais e mais, para as grandes corporações multinacionais, é o mundo. Enquanto o capital passa a ter uma mobilidade espacial nunca antes vista, os trabalhadores têm grandes restrições para sair de um país e trabalhar em outro. Em outras palavras, o capital é muito mais globalizado que o trabalho, aquele se instala onde este é mais barato. No entanto, deve ser lembrado que, na era informacional em que vivemos, mão de obra barata pura e simples não é mais vantagem competitiva. Os agentes econômicos, além de vários outros fatores que consideram ao fazerem a alocação de seus investimentos, buscam compatibilizar o baixo custo salarial com um mínimo de educação formal, de qualificação profissional.

Quanto à baixa mobilidade, deve ser feita uma ressalva para os trabalhadores de elevada qualificação. Esses encontram uma política de portas abertas nos países desenvolvidos, onde existe maior demanda. Muitos trabalhadores das áreas de alta tecnologia, sobretudo de informática, têm migrado dos países subdesenvolvidos para os desenvolvidos. Essa discussão será aprofundada no capítulo "A dimensão espacial – um enfoque geográfico de globalização".

Com tudo isso o processo de globalização tem acentuado as desigualdades no mundo: dentro dos países – sociais e regionais – e entre os países – internacionais. Ao mesmo tempo em que também tem acentuado antigas formas de dependência.

A acentuação de desigualdades é uma característica intrínseca do capitalismo desde o início de sua expansão mundial, ainda na fase do colonialismo. Entretanto, os números mostram que em sua atual etapa expansionista, na globalização, as simetrias internacionais têm se acentuado. "As desigualdades mundiais têm estado a crescer constantemente durante dois séculos. Uma análise das tendências de longo prazo na distribuição mundial do rendimento (entre países) mostra que a distância entre os países mais ricos e os mais pobres era de cerca de 3 para 1 em 1820, de 11 para 1 em 1913, de 35 para 1 em 1950, de 44 para 1 em 1973 e de 72 para 1 em 1992. O mais surpreendente é que os britânicos tinham, em 1820, um rendimento quase seis vezes maior do que o dos etíopes em 1992!" (*Relatório do Desenvolvimento Humano*, 1999, p. 38). A leitura da tabela a seguir acrescenta números que confirmam essa conclusão.

| Os países mais ricos e mais pobres, 1820-1992 ||||||
PIB per capita (dólares EUA de 1990)					
1820 - PIB (per capita)		1900 - PIB (per capita)		1992 - PIB (per capita)	
Países mais ricos					
Reino Unido	1756	Reino Unido	4593	EUA	21558
Holanda	1561	Nova Zelândia	4320	Suíça	21036
Austrália	1528	Austrália	4299	Japão	19425
Áustria	1295	EUA	4096	Alemanha	19351
Bélgica	1291	Bélgica	3652	Dinamarca	18293
Países mais pobres					
Indonésia	614	Myanmar	647	Myanmar	748
Índia	531	Índia	625	Bangladesh	720
Bangladesh	531	Bangladesh	581	Tanzânia	601
Paquistão	531	Egito	509	Congo	353
China	523	Gana	462	Etiópia	300

Fonte: *Relatório do Desenvolvimento Humano 1999*.
Nova York: PNUD, Trinova: Lisboa, 1999. p.38.

Somando-se ao aumento das assimetrias internacionais, desenvolvem-se novas formas de dependência, uma das faces mais problemáticas da globalização, como vêm apontando vários autores, como Castells (1999, p.125-6): "Acrescentando-se à OCDE os quatro países recém-industrializados da Ásia, em 1988 as três principais regiões econômicas representavam 72,8% da produção industrial mundial, e no ano 2000 sua participação ainda deverá totalizar 69,5%, embora a população dessas três regiões no ano 2000 esteja projetada para apenas 15,7% da população mundial. A concentração de recursos é ainda maior no centro do sistema, nos países do G-7, especialmente em termos de tecnologia, qualificações e infraestrutura informacional, principais determinantes da competitividade. Em 1990, os países do G-7 eram responsáveis por 90,5% da indústria mundial de alta tecnologia e detinham 80,4% do poder global no setor de computação.(...)

Dessa forma, o novo paradigma competitivo baseado em capacidade tecnológica, embora promova a interdependência na nova economia global, também reforça a dependência em uma relação assimétrica que, no geral, fortaleceu os padrões de dominação criados por formas anteriores de dependência ao longo da história."

Poucos países conseguiram romper com essa histórica polarização e passar para o grupo dos mais ricos, sendo o caso japonês o mais ilustrativo: "O Japão, por exemplo, tinha apenas 20% do rendimento dos EUA em 1950 mas 90% em 1992. A Europa meridional experimentou uma tendência semelhante – com 26% do rendimento dos EUA em 1950 e 53% em 1992" (*Relatório do Desenvolvimento Humano*, 1999, p. 38).

Com a globalização também tem havido um aprofundamento das desigualdades sociais, mesmo dentro dos países que a comandam, como evidenciam os Relatórios do PNUD: "Estudos recentes mostram o crescimento da desigualdade na maior parte dos países da OCDE, durante os anos 80 e começo dos anos 90. Em 19 países, apenas um mostrou uma melhoria ligeira. A deterioração foi pior na Suécia, Reino Unido e Estados Unidos. No Reino Unido, o número de famílias abaixo da linha de pobreza cresceu cerca de 60% nos anos 80 e, na Holanda, cerca de 40%. E na Austrália, Canadá, Reino Unido e Estados Unidos, pelo menos metade das famílias monoparentais com crianças tem rendimentos abaixo da linha de pobreza. O que contrasta com a concentração impressionante da riqueza entre os ultrarricos. A riqueza líquida das 200 pessoas mais ricas do mundo aumentou de 440 bilhões de dólares para mais de 1 trilhão de dólares em apenas quatro anos, de 1994 a 1998. Os ativos das três pessoas mais ricas eram superiores ao PNB combinado dos 48 países menos desenvolvidos" (*Relatório do Desenvolvimento Humano*, 1999, p. 37).

"OECD countries have increased their incomes over the past two decades, but most have seen rising income inequality – most consistently and dramatically in the United Kingdom and the Unites States. Between 1979 e 1997 U.S. real GDP per capita grew 38%, but the income of a family with median earnings grew only 9%. So most of the gain was captured by the very richest people, with the incomes of the richest 1% of families growing 140%, three times the average. The income of the top 1% of families was 10 times that of the median family in 1979 – and 23 times in 1997." (*Human Development Report*, 2002, p.20).

Entretanto, essa tendência não é irreversível, desde que haja vontade política e instrumentos para contrariá-la e aí torna-se importante o papel do Estado. Os exemplos do Canadá e da Dinamarca evidenciam isso: "Canada and Denmark have bucked the OECD trend, registering stable or slightly reduced inequality. This was achieved primarily through fiscal policy and social transfers – indicating that with political will, nothing is inevitable about inequality increasing with rising incomes." (*Human Development Report*, 2002, p.20).

Ou seja, com a globalização, a tendência é de os ricos ficarem cada vez mais ricos, e relativamente em menor número, e os pobres mais pobres, e relativamente em maior número, embora isso não ocorra de forma linear no mundo. Como nos informa o Relatório do PNUD, há países ou regiões em que a pobreza diminuiu e outros em que aumentou. "Between 1975 and 2000 impressive growth in East Asia and the Pacific increased its per capita income – in purchasing power parity (PPP) terms – from about 1/14th of the average per capita income in OECD countries to better than 1/6th. Over the same period Sub-Saharan Africa suffered the reverse, with its per capita income dropping from 1/6th of that in OECD countries to only 1/14th, owing both to its own drop in income and to consistent growth in OECD countries. The worst-off Sub-Saharan countries now have income 1/40th or less of those in OECD countries" (*Human Development Report*, 2002, p.19). Porém, mesmo que em determinado país ou região os pobres estejam elevando sua renda absoluta, como no caso da China, com o aumento da desigualdade em escala nacional e internacional a renda relativa deles de forma geral tem ficado menor.

No capítulo "A dimensão espacial: um enfoque geográfico da globalização", buscaremos construir uma cartografia de algumas das assimetrias geradas pela globalização, numa tentativa de analisá-las em sua espacialidade.

OS CICLOS LONGOS

Sem a pretensão de aprofundar, lembramos que outro paradigma explicativo bastante considerado para apreender o atual período do capitalismo pode ser encontrado na noção de ciclos longos, como os denominou Kondratieff (s/d). Immanuel Wallerstein (1999), entre outros autores, como Ignacio Rangel (1982), defende que o capitalismo, ao qual denomina de economia-mundo capitalista, desenvolve-se de forma cíclica – a uma fase A, de expansão, segue-se outra, B, de contração. Essas fases de expansão-contração são conhecidas como ciclos de Kondratieff[2]. Em suas palavras: "The period 1945 to today is that of a typical Kondratieff cycle of the capitalist world-economy which has had as always two parts: an A-phase or upwards swing or economic expansion that went from 1945 to 1967/1973, and a B-phase or downward swing or economic contraction that has been going from 1967/1973 to today and probably will continue on for several more years" (Wallerstein, 1999, p. 1).

De acordo com essa visão, a atual revolução técnico-científica, a crescente mobilidade geográfica das multinacionais em busca de custos menores de produção, o ataque ao Estado e às conquistas sociais e principalmente o crescimento do sistema financeiro seriam respostas dos agentes econômicos à crise cíclica do capitalismo, à fase B de Kondratieff. Daí esse período conhecido como globalização ser marcado pela hegemonia das políticas neoliberais.

A ideia de ciclos é um tanto determinista, pois não dá a devida atenção ao fato de que há transformações permanentes, e mais recentemente muito significativas, na base tecnológica da economia capitalista e em suas normas de regulação, que podem evitar ou minimizar crises cíclicas. Por exemplo, a crise dos anos 1930 foi muito mais grave do que a dos anos 1970 devido à evolução dos mecanismos de intervenção estatal na economia, associados ao keynesianismo, e isto é apreendido pela teoria regulacionista. Tanto é que apesar da hegemonia da ideologia neoliberal, o Estado continua tendo um papel determinante na economia, sobretudo nos países centrais.

Outro exemplo, os avanços tecnológicos dos anos 1970 e 1980, muito mais acelerados em comparação com outras fases B do capitalismo, permitiram uma rápida retomada do crescimento econômico, principalmente no país líder da revolução técnico-científica. Os Estados Unidos cresceram ininterruptamente ao longo dos anos 1990, numa das mais longas fases de crescimento contínuo de sua economia, durante uma fase B de Kondratieff! No mesmo período, o Japão, país que mais cresceu no pós-Segunda Guerra e aclamado nos anos 1980 já em meio à mencionada fase B) como o futuro substituto dos Estados Unidos na condição de principal potência mundial, amargou uma longa estagnação econômica.

Por isso, cremos que a teoria regulacionista é mais abrangente do que a noção de ciclos longos para apreender o desenvolvimento do capitalismo, sobretudo no pós-Segunda Guerra; daí a ênfase naquele esquema explicativo.

NOTAS

[1] A palavra inglesa *swallow* pode ser traduzida como substantivo e significa andorinha, que é o sentido utilizado para designar o capital volátil, mas, sugestivamente, também pode ser traduzida como verbo e neste caso significa engolir, devorar.
[2] No início dos anos 1920 o economista russo Nicolai Kondratieff pioneiramente produziu um estudo sobre a regularidade do desenvolvimento da economia capitalista e definiu com base em análises estatísticas que a uma fase de expansão segue-se outra

de contração. Como resultado desse trabalho ele perdeu seu cargo e acabou sendo deportado para a Sibéria em 1930 durante o governo de Stalin, pois suas conclusões iam frontalmente contra o dogma marxista-leninista. Segundo esse, o capitalismo depois de cumprir a missão histórica de promover um avanço nas forças produtivas deve caminhar linearmente para o fim, sendo substituído pelo socialismo. Foi mal visto também no mundo ocidental, entre os capitalistas, porque explicitava que após um período de bonança necessariamente vinha outro de crise.

A DIMENSÃO CULTURAL

A dimensão cultural da globalização, embora muito importante, não tem sido muito destacada, provavelmente devido à hegemonia das análises economicistas. Se bem que, com a globalização e a difusão do consumo massificado, torna-se cada vez mais difícil separar economia e cultura. O cultural se dissolve no econômico e o econômico, no cultural, como defende Jameson (2001, p. 22): "A produção de mercadorias é agora um fenômeno cultural, no qual se compram os produtos tanto por sua imagem quanto por seu uso imediato. Surgiu toda uma indústria para planejar a imagem das mercadorias e as estratégias de venda: a propaganda tornou-se uma mediação fundamental entre a cultura e a economia, e se inclui certamente entre as inúmeras formas de produção estética (ainda que a existência da propaganda possa nos levar a questionar nossas ideias a respeito da estética)."

Assim, a abordagem da dimensão cultural da globalização não deve ser dissociada da econômica e pode ser feita sob pelo menos três enfoques diferentes. Será a globalização da cultura um processo de ocidentalização do mundo? De americanização? Ou será um processo de mundialização da modernidade?

A OCIDENTALIZAÇÃO DO MUNDO

Os autores que defendem essa perspectiva veem a ocidentalização do mundo como um processo inerente à mundialização capitalista. Assim, desde o século XVI, com o início da expansão marítima europeia, com o colonialismo, tem havido sistematicamente um processo de ocidentalização do mundo. Os europeus, imbuídos de um forte etnocentrismo e devido à sua superioridade econômica e, principalmente, militar, impuseram sua cultura – línguas, religiões, costumes, instituições, tecnologias etc. – aos povos submetidos. A própria forma de representar o mundo, a partir de então, materializava no plano cartográfico o etnocentrismo europeu. Especialmente a partir da projeção de Mercator (1569), o eurocentrismo se consolida como visão do (e de) mundo. É a imposição do "fardo do homem branco". Como consequência houve um evidente processo de etnocídio, uma acentuada desculturação dos povos nativos, especialmente na América. Tanto é que uma das formas de regionalizar o continente americano consiste em dividi-lo em América Latina e Anglo-Saxônica, e não, por exemplo, em América Tupi, Inca, Asteca etc., simplesmente porque esses povos perderam suas identidades culturais, quando não pereceram.

Latouche (1996) sustenta que a expansão europeia, a ocidentalização do mundo – título de seu livro – foi marcada pelo triunfo dos três "M" do imperialismo: Militares, Mercadores e Missionários. Afirma que a ocidentalização do mundo sob o comando das potências europeias, no contexto do colonialismo e do imperialismo, estendeu-se até a Primeira Guerra, no máximo até a Segunda Guerra, quando, como resultado da descolonização, ocorreu o fim do imperialismo clássico. "Com a descolonização, os missionários chutados do Ocidente deixaram o centro do palco, mas 'o Branco ficou nos bastidores e puxa os cordões'. Esta apoteose do Ocidente não é mais a *presença real* de um poder humilhante por sua brutalidade e sua arrogância. Ele se apoia nos poderes simbólicos cuja dominação abstrata é mais insidiosa, mas por isso mesmo menos contestável. Esses novos agentes da dominação são a ciência, a técnica, a economia e o imaginário sobre o qual elas repousam: os valores do progresso" (Latouche, 1996, p. 26).

A partir do trecho acima, depreende-se que o autor é dos que, como nós, distinguem imperialismo de globalização. O imperialismo define um período de expansão do capitalismo marcado pela necessidade de intervenção militar e de ocupação territorial, exigindo uma presença real. A globalização define um período no qual a subjugação se estabelece muito mais pelo domínio da ciência e da técnica, da informação e do conhecimento.

Latouche (1996, p. 33) trabalha com a noção de homogeneização, de padronização cultural do mundo: "A época do mundo finito chegou e começou como fim da pluralidade dos mundos. Um mundo único tende a ser um mundo uniforme. (...) Esta unificação do mundo encerra o triunfo do Ocidente."

Ianni (1993, 1995) propõe que há sinonímia entre ocidentalização e modernização, porém, essa seria uma versão mais conspícua daquela. A ocidentalização não escondia, ou escondia mal, o etnocentrismo. A modernização está amparada em uma formulação "científica" que contempla alguns valores do Ocidente, como, por exemplo, as ideias de crescimento, desenvolvimento e progresso. No entanto, ambas implicam a difusão e sedimentação dos padrões, valores socioculturais e instituições predominantes na Europa Ocidental e nos Estados Unidos. Para ele, na atual etapa da expansão capitalista, com a globalização, "está em curso um novo ciclo do processo de ocidentalização do mundo. Uma ocidentalização que é simultaneamente social, econômica, política e cultural, sempre se desenvolvendo de modo desigual, articulado e desencontrado. Originária da Europa, e revigorada nos Estados Unidos, ela se expande pelos países e continentes, em surtos sucessivos, frequentemente contraditórios. Sintetiza-se em padrões e valores socioculturais, modos de vida e trabalho, formas de pensamento, possibilidades de imaginação" (Ianni, 1993, p. 69). Como Latouche, também defende que a modernização do mundo é o triunfo da racionalidade capitalista, da razão instrumental, que passa a permear todos os setores da vida social. Também trabalha com a noção de homogeneização, de padronização cultural do mundo.

A AMERICANIZAÇÃO DO MUNDO

Vários autores trabalham com a tese da americanização do mundo. Como veremos, esse enfoque não é encontrado apenas nos países periféricos, mas também nos do centro do sistema capitalista.

Em um texto produzido para a Conferência Internacional *Globalization: What it is and its implications*, realizada em São Paulo, a propósito das comemorações dos 50 anos da FEA-USP, assim conclui Zini Jr. (1996, p. 9): "this discussion on how to define 'globalization' points to a first conclusion: globalization means change; change away from the past into a new historical epoch. Even though globalization seems a new fact for many, given the expansion of capitalism to a global scale, other historical period can be said to present similar 'globalizing' patterns. However, it is not a change toward chaos but toward a relatively anarchic system of trading countries that have chosen capitalism as the rule of the game and found out that the judge speaks English, wears the U.S. Navy uniform and has puppet faces in place like the WTO, the IMF and the World Bank. On a historical sense, globalization is the affirmation of the 'Pax Americana' and of its projected expansion into the few decades of the XXI century".

Intencionalmente ou não, o fato de o texto apresentado num encontro realizado no Brasil ter sido escrito em inglês só reforça seu argumento.

Praticamente o mesmo argumento é utilizado pelo jornalista Thomas Friedman no *The New York Times*: "Porque esse fenômeno que chamamos 'globalização' – integração de mercados, comércio, finanças, informação e propriedade de empresas em todo o globo – é atualmente um fenômeno muito americano: usa orelhas de Mickey Mouse, come Big Macs, bebe Coca-Cola, fala em celulares Motorola e rastreia seus investimentos com a Merril Lynch usando Windows 95. Em outras palavras, os países ligados na globalização estão na realidade se conectando em um alto grau de americanização" (*apud* Ricupero, 1997, p. 4).

Embora um pouco caricatural, não deixa de ser uma crítica nascida no coração da potência hegemônica e veiculada em um dos principais porta-vozes da ideologia dominante.

Na mesma linha escreve Saskia Sassen, professora da Universidade de Columbia. Destaca o papel dos organismos intergovernamentais como o FMI, o Banco Mundial e o Gatt (atual OMC) no sentido de difundir, ou impor, os pontos de vista e os interesses norte-americanos, além de estar se consolidando cada vez mais uma legislação comercial internacional baseada nas leis daquele país, devido a sua preponderância econômica: "The most widely recognized instance of Americanization is seen, of course, in the profound influence U.S. popular culture exerts on global culture. But, though less widely recognized and more difficult to specify, it has also become very clear in the legal forms ascendant in international business transactions. Through the IMF and the International Bank for Reconstruction and Development (IBRD) as well as the GATT, the US vision has spread to – some would say imposed on – the developing world.

The competition among legal system or approaches is particularly evident in business law, where the Anglo-American model of the business enterprise and competition is beginning to replace the Continental model of legal artisans and corporatist control over the profession. More generally, u.s. dominance in the global economy over the last few decades has meant that the globalization of law through private corporate lawmaking has assumed the form of the americanization of commercial law" (Sassen, 1996, p. 19).

Fredric Jameson, professor da Universidade de Duke, é mais enfático. Para ele não restam dúvidas de que está em curso um processo de americanização do mundo. E como em sua análise ele não separa a cultura da economia, exibe fortes argumentos econômicos para demonstrar sua tese da americanização cultural do mundo:

"Basta pensar na quantidade de pessoas no mundo inteiro que assistem a programas da televisão americana, para ver que essa intervenção cultural é mais profunda do que quaisquer outras em formas anteriores, sejam as de colonização, de imperialismo, ou simplesmente de turismo. Um grande cineasta indiano descreveu como os gestos e o modo de andar de seu filho adolescente tinham se modificado porque ele assistia à televisão americana: supõe-se que suas ideias e valores também tenham se modificado. (...) As conversações do GATT estão lá para demonstrar que os filmes e a televisão americanos são tanto base como superestrutura, são tanto economia quanto cultura, e, juntamente com o *agribusiness* e os armamentos, são os principais produtos de exportação dos Estados Unidos – ou seja, uma enorme fonte de renda e de lucros. Essa é a razão pela qual a insistência americana na abertura das barreiras de quotas de cinema em países estrangeiros não deve ser vista como uma excentricidade cultural norte-americana, como a violência ou a torta de maçã, mas antes como uma necessidade de comerciantes astutos – uma necessidade formal da economia independentemente de seu conteúdo cultural frívolo" (Jameson, 2001, p. 48, 50-1).

Ana Fani Carlos, professora do Departamento de Geografia da USP, seguindo na mesma linha de Fredric Jameson, não tem dúvidas de que está em andamento um processo de americanização do mundo e de que isto é resultado da apropriação da cultura pelo grande capital, tornando-a fonte de altos lucros. "Os americanos são mestres na arte do espetáculo que produzem, e espalham por todo o mundo os signos de um *american way of life*, que reproduz determinados comportamentos, um jeito de se vestir, hábitos alimentares – que se transformam num produto cultural novo, com a imposição de um sabor homogêneo e consumido num tempo imposto" (Carlos, in: Damiani et al. 1999, p. 70).

Paulo Nogueira Batista Jr., professor da Fundação Getúlio Vargas, também tem afirmado, como fez em uma conferência realizada no Instituto de Estudos Avançados da USP em junho de 1997, que "a globalização cultural é um outro nome para a surrada americanização do mundo".

Algumas manifestações antiglobalização, como a dos agricultores franceses que, liderados por José Bové, destruíram em agosto de 1999 uma lanchonete McDonald's – um dos maiores ícones da cultura de consumo norte-americana – localizada na cidade de Millau (sul da França), só reforçam a percepção generalizada de que a globalização cultural é um processo de americanização do mundo.

Mas, corroborando a afirmação do jornalista Marcelo Coelho, não devemos tomar ao pé da letra essa manifestação. Muito mais do que uma aversão gastronômica aos hambúrgueres ou de um antiamericanismo latente, trata-se de um fenômeno de mídia que evidencia um mundo permeado por símbolos e marcas. "Simplesmente, num mundo em que a 'marca' vale mais do que a 'coisa', em que a imagem conta mais do que a 'realidade', até os movimentos de contestação ao capitalismo terminam usando de suas táticas promocionais" (Coelho, 2001, p. E-8). Aliás, além de ser em grande parte um fenômeno de mídia, José Bové, ao defender as singularidades alimentares dos povos, esconde mal que seria muito interessante se consumidores de vários lugares do mundo substituíssem o sanduíche de hambúrguer pela baguete com queijo roquefort, assegurando a ampliação de mercados para os produtores franceses da Confederação Camponesa, que ele preside. Esse discurso, no varejo, é uma mistura inconciliável de internacionalismo, nacionalismo e sindicalismo; no atacado, é mais um capítulo da disputa econômico-cultural (juntamos essas duas dimensões ao acatar a proposição de Jameson) entre franceses e norte-americanos. Deve ser lembrado também que, desde Seattle, muitos dos manifestantes antiglobalização (movimento extremamente heterogêneo, diga-se de passagem, que reúne ecologistas, anarquistas, sindicalistas, militantes de diversas ONGs, grupos de defesa de minorias étnicas, religiosas, entre outros) estão mais empenhados em defender interesses particulares, corporativistas do que preocupados com questões universais. É o caso dos sindicalistas norte-americanos, que ao defender a vinculação entre liberalização comercial nos países centrais e respeito aos direitos trabalhistas e ambientais nos países da periferia, escondem mal que no fundo, escudados num discurso universal, mas na prática particular, pois protecionista, estão mais empenhados em defender seus próprios empregos e não a melhoria das condições de vida dos trabalhadores dos países pobres.

A hegemonia cultural dos Estados Unidos no mundo foi lenta e pacientemente construída pelos grandes estúdios de Hollywood e pelas redes de televisão. Nesse sentido, tiveram apoio do Estado norte-americano em suas políticas mundiais de comercialização e conquista de novos mercados. É por isso que muitos defendem, como Jameson (2001), que a única forma de resistir à americanização é cada Estado, como faz ativamente o francês, desenvolver políticas de apoio à cultura nacional, como o cinema, a televisão, a música etc. No entanto, temos de admitir, não são todos os Estados que têm capacidade para essa empreitada; além disso, a resistência francesa ao crescimento da influência cultural norte-americana pode ser encarada não apenas como uma tentativa de preservar a cultura nacional, mas como uma disputa de hegemonia entre potências.

Rememoremos a história com um exemplo da geografia: quando Vidal de La Blache criou uma corrente de pensamento geográfico que ficou conhecida como Possibilismo e desenvolveu os conceitos de "gênero de vida" e de "domínios de civilização", buscava contestar os pressupostos teóricos da geografia alemã ratzeliana, mas também criticar o expansionismo alemão na Europa, para, ao mesmo tempo, justificar o imperialismo francês na África e na Ásia. Em consonância com sua teoria etnocêntrica, nesses continentes existiam gêneros de vida atrasados e que, portanto, seriam beneficiados pela missão civilizadora do europeu (Moraes, 1983). Lembremos o que disse Latouche (1996) sobre os três "M" – Militares, Mercadores e Missionários – do imperialismo. Poderíamos acrescentar um "G", de Geógrafos, nessa equação que comandou o processo de expansão do capitalismo e de ocidentalização do mundo.

Somos levados a considerar a americanização como um capítulo à parte – com especificidades e interesses próprios – do longo processo de ocidentalização do mundo, já que a cultura dominante nos Estados Unidos é resultado da transplantação dos valores e das instituições da cultura ocidental nascidos na Europa. Então, poderíamos dizer que ao longo da história houve *lusitanização, espanholização, galicização, anglicização* do mundo e na atual etapa da expansão capitalista está havendo *americanização*. Entretanto, essa é muito mais penetrante e abrangente geograficamente que aquelas, restritas aos seus respectivos territórios coloniais, pois hoje, como já dissemos, o cultural foi capturado pelo econômico no mercado de consumo globalizado.

Assim, a resistência comandada pelo Estado francês à americanização nada mais é do que, no sentido geopolítico, uma disputa pela hegemonia no processo de ocidentalização do mundo, e no sentido econômico, uma disputa pelo gigantesco mercado mundial de consumo cultural. Isso não anula, porém, o fato de que há uma preocupação genuína de parte da população francesa em preservar sua cultura, embora outra parte, sobretudo os mais jovens, venha aderindo à cultura norte-americana. A dificuldade de resistência vem do fato de que a cultura de consumo produzida nos Estados Unidos é hegemônica no mundo, no sentido gramsciano da palavra. Isso não impede, contudo, a eclosão de movimentos de resistência ao processo de ocidentalização/americanização, sendo o melhor exemplo disso o crescimento do islamismo político em todo o mundo, não apenas no Oriente Médio. O que não significa dizer, como muitos creem, que toda resistência a esse processo é progressista, como atestam as atitudes retrógradas tomadas pelo Taliban no Afeganistão.

A GLOBALIZAÇÃO DA MODERNIDADE

Outro enfoque sobre a dimensão cultural da globalização pode ser apreendido em Ortiz (1994), que fala em mundialização da modernidade, e em Giddens (1991), que fala em globalização da modernidade. Tanto um quanto outro discordam das teses de ocidentalização ou americanização do mundo. Ambos veem a globalização cultural como um processo de expansão da modernidade em escala planetária. Ortiz reserva o termo globalização para processos econômicos e o termo mundialização para processos culturais. Giddens usa o termo globalização para definir os dois processos.

Com a globalização estamos vivendo um período de radicalização da modernidade, segundo Giddens (1991, p. 175): "A modernidade é inerentemente globalizante". Critica o conceito de pós-modernidade, utilizado por autores como Jameson, porque essa categoria não apreenderia a dimensão da continuidade, daí porque chama a época em que vivemos de período de alta modernidade. Propõe, como já dissemos, que a globalização apresenta quatro dimensões – a economia capitalista mundial, o sistema de Estados-nações, a ordem militar mundial e o desenvolvimento industrial (divisão global do trabalho); por trás dessas dimensões jaz a globalização cultural, que ele interpreta como a difusão das tecnologias de comunicação e o crescimento da mídia.

Anthony Giddens também vê uma tendência homogeneizadora no processo de globalização quando afirma: "Uma das consequências fundamentais da modernidade, como este estudo enfatizou, é a globalização. Esta é mais do que uma difusão das instituições ocidentais através do mundo, onde outras culturas são esmagadas. A globalização – que é um processo de desenvolvimento desigual que tanto fragmenta quanto coordena – introduz novas formas de interdependência mundial, nas quais, mais uma vez, não há 'outros'." (Giddens, 1991, p. 173-4).

Ortiz é contra a tese da homogeneização/padronização cultural do mundo. Critica o "paradigma coca-cola", a ideia de que o mundo é unidimensional, proposta por Levitt (1990), e defende que a homogeneização até existe, mas em segmentos. Exemplifica com o que chama de classe média mundial, na qual há uma convergência de indicadores, desejos e necessidades similares. "A noção de país deve ser substituída pelo conceito de espaço geográfico homogêneo; um espaço geográfico que agrupa países deve ser considerado como unidade de trabalho de marketing, quando ele é homogêneo" (Decaudin, 1991, p. 64 *apud* Ortiz, 1994, p. 173-4). Depois conclui: " cartografia do consumo mundial independe das realidades nacionais" (Ortiz, 1994, p.174).

No entanto, essa proposição, bastante considerada pelos homens de marketing, não é nova; vem desde os anos 1970, como se percebe pelo trecho a seguir:

"O mais importante efeito integrador das técnicas de comercialização global é a criação do que Daniel Boorstin chama de 'comunidade de consumo' – um laço que transcende raça, geografia e tradições, baseado no uso de alimentos, bebidas, cigarros, roupas e carros idênticos. Um anúncio para circulação internacional, colocado na revista *Time*, sugere o extraordinário impacto político desse fenômeno:

Os 24 milhões de leitores da *Time* (em todo o mundo) provavelmente têm mais em comum entre si do que com muitos de seus concidadãos: alta renda, boa educação, cargos importantes nos negócios, no governo e nas profissões liberais. Os seus leitores constituem uma comunidade internacional de gente próspera e influente... " (Barnet e Muller, 1974, p. 33-4).

Com isso os vendedores globais não trabalham mais com classes sociais, mas com segmentos transnacionais de consumo. Os produtos que a classe média brasileira consome são fundamentalmente os mesmos consumidos pela classe média norte-americana ou de qualquer outro país. Nesse sentido, aquela se identifica mais com essa, que é a principal referência no mundo, com seu estilo de vida e de consumo, do que com a maioria da sociedade brasileira, que é formada de pobres, à margem da modernidade. Sobre esse assunto, Ortiz (1994, p. 179) comenta: "A modernidade-mundo nos países 'periféricos' é perversa, selvagem, mas real. A globalização provoca um desenraizamento dos segmentos econômicos e culturais das sociedades nacionais, integrando-os a uma totalidade que os distancia dos grupos mais pobres, marginais ao mercado de trabalho e de consumo."

Mattelart, seguindo a mesma linha de pensamento de Ortiz, é contra a tese da homogeneização/padronização e também propõe que está havendo uma homogeneização segmentada do mundo, com o surgimento de faixas transnacionais de consumidores. Para reforçar esse ponto de vista, cita Manuel Castells: "O processo fundamental vivido pelo que chamamos Terceiro Mundo é sua desintegração enquanto entidade relativamente homogênea. Em termos de desenvolvimento econômico e social, a Coreia do Sul ou Cingapura estão mais próximas da Europa do que das Filipinas ou da Indonésia. No entanto, ainda mais importante é o fato de que São Paulo, sob o ponto de vista social, esteja mais afastado de Recife do que de Madri. E de que, no próprio estado de São Paulo, a Avenida Paulista e a cidade operária de Osasco façam parte de constelações socioeconômicas diferentes, não somente em termos de desigualdade social, mas também de diferenças de dinâmica e de segmentos de cultura" (Castells, 1990 *apud* Mattelart, 1994, p. 275). Mostrando convergência de pontos de vista, Ortiz (1994, p. 179) cita esse mesmo trecho de Castells para defender que a mundialização (com a conotação que ele atribui a esta palavra) é perversa porque provoca fragmentação e desagregação na periferia.

Ortiz (1994) também é contra a tese da americanização do mundo. Defende que está havendo uma mundialização da modernidade e isso aparece como americanização porque nos Estados Unidos a modernidade está mais avançada. Hábitos de consumo ligados à modernidade avançaram primeiro e mais rapidamente nos Estados Unidos (que é o padrão de modernidade, de consumo). Quando ocorre sua propagação pelo mundo é mais fácil identificá-la como difusão cultural, como americanização. Cita, como exemplo, a cadeia de lanchonete McDonald's – frequentemente atacada por manifestantes antiglobalização –, que, segundo ele, faz sucesso no mundo inteiro não porque é norte-americana, mas porque é *fast-food*. De acordo com Ortiz, isto estaria muito mais ligado à questão da aceleração da vida contemporânea, à taylorização da alimentação, à expansão da modernidade, do que ao fato de ela ter se originado nos Estados Unidos.

Assim, a globalização cultural, que aparece muito mais como padronização dos hábitos, gostos e comportamentos em termos de consumo, atinge o mundo inteiro, mas de forma segmentada. Atinge aqueles setores da população que estão suscetíveis ao apelo consumista e evidentemente têm recursos para gastar, ou seja, a classe média e alta dos vários países.

Renato Ortiz, apesar da crítica feita no final de seu livro *Mundialização e cultura*, quando afirma que a modernidade não é apenas um modo de ser, mas "é também ideologia. Conjunto de valores que hierarquizam os indivíduos, ocultando as diferenças-desigualdades de uma modernidade que ser quer global" (Ortiz,

1994, p. 215), aparentemente acredita no *deus ex machina* da modernidade, em sua inelutabilidade e nos poderes supremos da racionalidade. Ao criticar a tese da americanização do mundo, encara a modernidade como algo positivo, que, consequentemente, não deve ser questionado ou enfrentado, fazendo a apologia de uma modernidade que, acreditamos, é ditada pelos Estados Unidos. Assim, corre o risco de fazer coro com os que pregam a modernização conservadora amparando-se no discurso da inelutabilidade da modernidade. Com esse enfoque acaba lançando mão dos modos de operação da ideologia apontados por Thompson (2000), sobretudo reificando a modernidade, o que ofusca ou mesmo elimina o sujeito e o devir histórico.

Fredric Jameson, contrapondo-se a Ortiz, salienta que o universalismo veiculado pelos Estados Unidos em vários temas nada mais é do que a defesa de seus próprios interesses nacionais. Questiona a própria palavra modernidade, desvendando seu aspecto ideológico, ao mesmo tempo em que desnuda a falta de um projeto social inerente ao capitalismo: "Sem me deter demasiado aqui, gostaria de aventar a hipótese de que a 'modernidade' é uma palavra suspeita nesse contexto, e está sendo usada precisamente para acobertar a ausência de qualquer esperança, ou *telos*, social coletiva depois do processo de descrédito do socialismo. Isso porque o capitalismo em si mesmo não tem nenhum objetivo social. Sair usando a palavra 'modernidade' a torto e a direito, em vez de capitalismo, permite que políticos, governos e cientistas políticos finjam que o capitalismo tem um objetivo social e que disfarcem o fato terrível de que não tem nenhum" (Jameson, 2001, p. 33).

A ideia de inelutabilidade, que comumente é associada à globalização, também surge quando se fala em modernidade. Giddens (*op. cit.*) chega mesmo a juntar as duas noções e a pregar: "A modernidade é inerentemente globalizante."

Touraine, seguindo na mesma linha de Jameson, critica essas duas perspectivas. Critica a ideologia da globalização, como vimos no capítulo "A globalização como ideologia" e também a ideologia da modernidade, que se evidencia no livro de Ortiz (1994) ou mesmo de Giddens (1991). Aliás, faz uma crítica direta a Giddens argumentando que sua análise no livro *As consequências da modernidade*"(...) afasta cada vez mais ativamente a ideia de sujeito" (Touraine, 1995, p. 37). Parafraseando-o novamente, podemos afirmar que "deixamo-nos arrebatar pela ideia de que o mundo é regido pelas leis impessoais da [razão instrumental]" (Touraine, *op. cit.*).

Apesar de criticar a ideologia da modernidade, baseada na razão instrumental, Touraine não deixa de reconhecer que o racionalismo propiciou avanços para a humanidade. Assim, sua crítica não propõe uma volta ao passado, mas a difusão de uma modernidade em que haja equilíbrio entre razão e sujeito. Em suas palavras: "A modernidade (...) é feita do diálogo entre Razão e Sujeito. Sem a Razão, o Sujeito se fecha na obsessão da sua identidade; sem o Sujeito a Razão se torna o instrumento do poder" (Touraine, 1995, p. 14).

Das dimensões da globalização, a cultural é a que apresenta maiores dificuldades analíticas e isso fica evidente pela total ausência de consenso entre os teóricos do assunto. Robertson (1999, p. 12), por exemplo, discorda em parte de todos os enfoques anteriores quando afirma: "A globalização não se refere a processos de ocidentalização, americanização, modernização ou 'imperialismo cultural'. A globalização, na minha análise, refere-se à compressão, temporal e espacial, do mundo como um todo. Este é o significado elementar e a base interpretativa a partir dos quais eu parto. Questões quanto à ocidentalização, à americanização etc. são secundárias, mas não omitidas, na minha caracterização básica da globalização."

Atentos ao alerta de Jameson (2001) e ancorados na análise realista, não devemos perder de vista o fato de que os Estados Unidos são a potência hegemônica na atual etapa do capitalismo, na era da globalização. Evidentemente que os ideólogos ao seu serviço têm construído justificativas sedutoras e, muitas vezes, convincentes, para fazer valer seus interesses econômico-culturais e geopolíticos no mundo. Nesse sentido, não vemos como dissociar globalização econômico-cultural de americanização. E se esse vínculo antes era dissimulado, ficou totalmente explícito no governo de George W. Bush.

É o que pensam também os idealizadores do movimento *Cittaslow*, fundado no final de 1999 por representantes de trinta e duas cidades italianas e uma croata com o objetivo de preservar a identidade de seus modos de vida frente à globalização à americana. Segundo a carta de fundação do movimento, inspirado em outro criado em 1986, o *Slow Food*, mais voltado para combater a taylorização e padronização da alimentação: "O fenômeno da globalização permite, entre outras coisas, a troca de informações, mas tende a eliminar as diferenças e esconder as características peculiares de realidades distintas. Em resumo, propõe modelos medianos que não pertencem a ninguém e inevitavelmente geram mediocridade" (Wasserman, 2000, p. A-25). Para Paolo Saturnini, prefeito da pequena cidade toscana de *Greve in Chianti* e coordenador do movimento: "O padrão urbano americano está invadindo nossas cidades e fazendo-as parecer todas iguais. O que queremos é preservar nossa identidade. (...) Queremos lutar contra a invasão das grandes redes de distribuição e de franquias, principalmente no setor de alimentação. Não podemos impedir as grandes cadeias de alimentação de se estabelecerem na cidade, mas esperamos que as pessoas que vêm à cidade não queiram comer aqui o mesmo hambúrguer que podem comer em Londres, Paris ou Melbourne" (Wasserman, *op. cit*). Esse discurso pode parecer atrasado, contra a modernidade, mas deve ser visto muito mais como um movimento antiamericanização do que antimodernidade, como enfatiza Saturnini: "Não queremos atrasar o relógio da história. O que queremos é simplesmente preservar o que temos de bom e agradável do nosso passado. Não somos contra a tecnologia. Os novos sistemas de comunicação, como a Internet, podem ser uma ferramenta para preservar ou melhorar nossa qualidade de vida" (Wasserman, *op. cit*). O movimento *Cittaslow* está se ampliando pelo mundo; muitas outras cidades, incluindo brasileiras, estão pedindo adesão. É um exemplo, dentre outros que poderiam ser arrolados, da resistência do lugar frente às forças fragmentadoras da globalização sob o controle norte-americano.

A DIMENSÃO POLÍTICA

O ENFRAQUECIMENTO DO ESTADO-NAÇÃO E O AUMENTO DA ASSIMETRIA DE PODER

A dimensão política da globalização tem sido analisada principalmente pelos teóricos das relações internacionais. Esses, em geral, tendem a ver os Estados como os atores mais importantes no processo de globalização, porque o mundo é organizado como um sistema interestatal.

Segundo alguns, uma característica marcante da globalização, em sua dimensão política, é que ela tem provocado o enfraquecimento relativo dos Estados nacionais. Outros atores, velhos e novos, no cenário político e econômico internacional têm crescentemente usurpado parte do poder e da autoridade do Estado-nação, que assim tem perdido soberania. Esses atores são os organismos intergovernamentais, como o Banco Mundial, o FMI e a OMC; as grandes empresas (sobretudo norte-americanas e japonesas): indústrias, bancos, fundos de pensão, corretoras de valores, entre outras; as organizações não governamentais, como o Greenpeace, a Anistia Internacional, o WWF e a Transparência Internacional; os blocos regionais de comércio como a União Europeia, o Nafta o e Mercosul. Assim, os Estados têm sido levados crescentemente a dividir seu poder e autoridade com outros atores, num cenário que Susan Strange chama de neomedievalismo, lembrando a descentralização de poder e autoridade que caracterizava o período medieval. "The concept of the 'new medievalism' has been around for some years now, there is a developing consensus that state is coming to share authority in economy and society with other entities. These include, in my interpretation, not only transnational companies (TNCS), including banks, accounting and law firms, and international institutions like the International Monetary Fund (IMF) or Inmarsat, but also non-governmental organizations like Amnesty International or the Olympic sports organization and transnational professional associations of doctors, economists, and scientists. Within the state the authority of central government is, perforce, increasingly shared with local and regional authorities" (Strange, 1995, p. 56).

Outros autores, como Octavio Ianni, radicalizam e asseveram que o Estado nacional é uma entidade anacrônica e em declínio: "Se é verdade que a globalização do mundo está em marcha, e tudo indica que sim, então começou o réquiem pelo Estado-nação. Ele está em declínio, sendo redefinido, obrigado a rearticular-se com as forças que predominam no capitalismo global e, evidentemente, forçado a reorganizar-se internamente, em conformidade com as injunções dessas forças. É claro que o Estado-nação, com sua sociedade nacional, história, geografia, cultura, tradições, língua, dialetos, religião, seitas, moeda, hino, bandeira, santos, heróis, monumentos, ruínas, continuará a existir. Mas não será mais o mesmo, isto é, já não é mais o mesmo. Ainda pode utilizar a retórica da soberania e até mesmo falar em hegemonia, mas tudo isso mudou de figura" (Ianni, 1994, p. 82).

Kenichi Ohmae é um dos mais ardorosos defensores da irrelevância dos Estados nacionais no atual período da globalização, como fica evidente quando diz "(...) que estamos testemunhando é o efeito cumulativo de mudanças fundamentais nas correntes da atividade econômica ao redor do globo. Essas correntes se tornaram tão poderosas que abriram canais inteiramente novos para si próprias – canais que nada devem às linhas de demarcação dos mapas políticos tradicionais. Simplesmente em termos dos fluxos reais de atividade econômica, os Estados-nações já perderam seus papéis como unidades significativas de participação na economia global do atual mundo sem fronteiras" (Ohmae, 1996, p. 5).

Os pontos de vista enunciados acima pecam por não considerarem as enormes diferenças entre os vários Estados nacionais, igualando todos como se fossem homogêneos e, portanto, sujeitos aos mesmos impactos da globalização. Fredric Jameson é dos que questionam esse tipo de análise: "Pois quando falamos da expansão do poder e da influência da globalização, será que não estamos na verdade descrevendo a expansão econômica e de poderio militar dos Estados Unidos? E ao falar do enfraquecimento do Estado-nação não estaremos na verdade descrevendo a subordinação de outros Estados-nações ao poderio americano, seja através de consentimento e colaboração, seja através do uso de força bruta e de ameaças econômicas? Por traz desses temores está uma nova versão do que antes se chamava de imperialismo, cujas formas compõem agora uma verdadeira dinastia" (Jameson, 2001, p. 18). Voltamos à questão da americanização do mundo, só que agora do ponto de vista da política internacional.

Basta observar o mapa-múndi (os realistas, contrariando muitos globalistas, acreditam que território é poder) e dar uma olhada nos jornais para perceber que há evidente assimetria de poder entre os Estados que compõem o sistema internacional. Há vários indícios no plano econômico, científico-tecnológico, geopolítico-militar e cultural atestando que os Estados Unidos, até por serem o principal comandante do processo de globalização e a única superpotência remanescente, estão se fortalecendo diante dos outros Estados do mundo. A decisão do governo de George W. Bush de atacar o Iraque em março de 2003 sem a aprovação do Conselho de Segurança da ONU só confirma essa percepção.

Os dirigentes japoneses, por outro lado, nunca acreditaram em liberalismo e desde o início de seu processo de industrialização, o Estado sempre teve uma presença marcante na economia nipônica. O próprio processo de industrialização do país a partir da era Meiji (1868) teve comando estatal. Embora sua presença como empresário tenha se reduzido no pós-Segunda Guerra, o Estado japonês continua firme como planejador. O poderoso MITI (Ministério da Indústria e do Comércio Internacional) historicamente foi uma espécie de *Gosplan* no país.

Os governantes franceses também não aderiram seriamente ao liberalismo e o povo tem se recusado a aceitar o desmantelamento de seu *welfare state*. O Estado francês continua tendo uma presença marcante na economia.

Fora das tradicionais potências, a China, considerada um país emergente pelos agentes que comandam os mercados mundiais, tem se inserido de forma soberana e competitiva na globalização e mantido relativamente intacto seu aparato estatal.

A análise realista tem muito a contribuir para este debate. Os Estados nacionais continuam guiando-se por interesses e é evidente que os Estados mais poderosos do mundo têm muito mais capacidade para fazer valer seus pontos de vista no sistema internacional. Por exemplo, as principais potências não estão seriamente interessadas em abrir seus mercados e, apesar do discurso em contrário, continuam protecionistas. Fazem um discurso para os Estados mais fracos na linha prescritiva do "faça o que mando, não o que faço". Representantes de governos de países subdesenvolvidos em diversas oportunidades têm explicitado essa contradição. Por exemplo, o discurso de Luiz Felipe Lampreia, ex-Ministro das Relações Exteriores do Brasil, durante a abertura da 55ª Sessão da

Assembleia Geral da ONU, um pouco como porta-voz dos países periféricos, criticou de forma veemente a proposta de implantação de cláusulas sociais e ambientais no comércio internacional, identificadas como novas formas de protecionismo: "Não deve haver manipulação das grandes causas globais, de movimentos solidários transnacionais, em tentativas de encobrir e promover interesses de grupos e setores. É o que tem ocorrido, lamentavelmente, no terreno do comércio internacional. Primeiro, o descompasso entre a retórica do livre comércio e a manutenção de políticas protecionistas dos mais diversos tipos por parte dos países desenvolvidos. Como afirmei na Conferência da Organização do Comércio em Seattle, o nome desse jogo é discriminação. E a discriminação, sobretudo quando aplicada contra os mais fracos, é a negação absoluta da solidariedade" (Lampreia, 2000).

Mas a denúncia à contradição entre o discurso e a prática dos países desenvolvidos brota também dentro de suas fronteiras, como se percebe pelo relato de Joseph Stiglitz, ganhador do Nobel de Economia em 2001: "Os críticos da globalização, que acusam os países ocidentais de hipocrisia, estão certos. Os países ricos forçaram as nações pobres a eliminar as barreiras comerciais, mas eles próprios mantiveram as suas, impedindo que os países em desenvolvimento exportassem seus produtos agrícolas, privando-os, assim, da renda tão desesperadamente necessária obtida por meio das exportações. Os Estados Unidos, é claro, eram um dos principais culpados, e essa era uma das questões sobre as quais eu nutria os mais intensos sentimentos. Quando fui presidente do Conselho de Consultores Econômicos, lutei muito contra essa hipocrisia. Ela não só prejudica os países em desenvolvimento como também custava bilhões de dólares aos consumidores e contribuintes norte-americanos. As minhas batalhas, na maior parte das vezes, eram infrutíferas. Interesses comerciais e financeiros especiais acabavam prevalecendo – e quando fui trabalhar no Banco Mundial, pude ver muito claramente as consequências dessas medidas sobre os países em desenvolvimento" (Stiglitz, 2002, p. 33).

Não é por acaso que a globalização tem aumentado a assimetria em termos de riqueza, poder e influência entre os Estados, principalmente entre os países desenvolvidos e os subdesenvolvidos, como vimos pelos dados mostrados no capítulo "A dimensão socioeconômica". Críticas a essa situação aparecem em textos de autores tanto de lá quanto de cá. Veja a análise do brasileiro Gorender (1995, p. 98): "O processo de globalização altera e, sob alguns aspectos, reduz os atributos de soberania dos Estados nacionais. É preciso, porém, considerar as reações destes diante das questões propostas pela própria globalização. Os Estados posicionam-se diante do processo de globalização conforme interesses de classe que expressam, empregando os meios de pressão e persuasão de que dispõem.

Sob tal enfoque, cumpre ter em mente que a globalização, uma vez que ocorre como processo capitalista, encerra em sua essência a tendência à acentuação das desigualdades entre os Estados nacionais. Não se trata de característica circunstancial ou conjuntural, mas da natureza essencial da globalização capitalista. A tendência à acentuação da desigualdade atua no sentido do aumento dos meios de influência dos Estados dos países desenvolvidos, ao passo que enfraquece os meios de resistência dos países em desenvolvimento. São diferentes, por conseguinte, os posicionamentos diante do processo de globalização."

Mais ou menos a mesma análise faz a norte-americana Strange (1995, p. 63): "The first major hypothesis in that there has been a great increase in the asymmetries of state authority. In other words, while the US government may have suffered some loss of authority, the loss has been to the markets, not to other states; whereas, for other states, their vulnerability not only to the forces of world markets but also to the greater global reach of US authority has markedly increased."

A propósito desse debate o ex-ministro brasileiro Lampreia (2000) faz um importante alerta: "A globalização é assimétrica em parte porque emanada de sociedades nacionais também assimétricas, nas quais o objetivo social parece não ter hoje a mesma força de tempos atrás. O valor maior da liberdade, felizmente, avança em todos os continentes. Mas os valores fundamentais da igualdade e da fraternidade estão perigosamente relegados a segundo plano.

É preciso trazê-los de volta ao topo de nossas agendas, ao centro de nossas estratégias, antes que seja tarde demais. Antes que alguns povos possam ser levados a acreditar, erradamente, que o preço inevitável da liberdade é a perpetuação dos muros entre ricos e pobres, incluídos e excluídos, globalizados e abandonados."

A globalização, diferentemente do cenário otimista traçado pelos liberais, está aprofundando as desigualdades entre os Estados e entre os povos, exatamente porque esse processo tem centros de comando e interesses específicos a defender. Além disso, o mercado não tende para a equalização dos investimentos e do desenvolvimento econômico, como querem os ideólogos liberais. Na crítica do inglês Hurrel (1995, p. 455): "The liberal orthodoxy highlights enmeshment of economics and societies that results from globalization. It emphasizes the powerful international and transnational pressures that both constrain the range of viable state policies and influence the complexion of domestic politics. Neglected, however, in the liberal view is an analysis of the unevenness of the process of globalization and the importance of the hierarchy among the states and actors which drive this process. The core proposition of our critique of the liberal orthodoxy on globalization is a simple one: inequality among states matters."

Milton Santos, antes de elaborar sua proposta por uma outra globalização, num livro de mesmo nome, identifica nas técnicas de informação o mecanismo criador de desigualdades: "(...) nas condições atuais, as técnicas da informação são principalmente utilizadas por um punhado de atores em função de seus objetivos particulares. Essas técnicas da informação (por enquanto) são apropriadas por alguns Estados e por algumas empresas, aprofundando assim os processos de criação de desigualdades. É desse modo que a periferia do sistema capitalista acaba se tornando ainda mais periferia, seja porque não dispõe totalmente dos novos meios de produção, seja porque lhe escapa a possibilidade de controle" (Santos, 2000, p. 39).

Vários autores defendem que o poder dos Estados tem diminuído frente ao processo de globalização, no entanto, o que se percebe é que a diminuição de poder tem sido desigual, afetando principalmente os Estados que não são sujeitos do processo de globalização, aí se destacando os Estados dos países subdesenvolvidos. Dentro desse cenário, a margem de manobra para inserção internacional desses países torna-se cada vez mais reduzida à medida que muitos países estão sendo excluídos do processo, como constata Gorender (1995, p. 103): "Os países atrasados ditos em desenvolvimento e também designados como países do Terceiro Mundo têm as economias mais suscetíveis de debilitamento diante dos impulsos imprimidos à globalização pelas empresas multinacionais e pelo capital financeiro atuante no âmbito mundial. A fraca autonomia de decisões dos seus Estados nacionais é ainda mais reduzida, ou mesmo anulada, pelos fatores externos que procedem dos centros comandantes da economia mundial. Enquanto os Estados nacionais dos países desenvolvidos se valem da globalização para incrementar seu poder de influência interna e externa, os Estados nacionais dos países do Terceiro Mundo chegam ao limiar da impotência diante das flutuações dos mercados globalizados de investimentos financeiros, de bens e de serviços. Em consequência, são compelidos a adotar os rumos impostos pelo poder objetivo dos fatores externos".

É razoável questionar: os Estados Unidos estariam se enfraquecendo frente a essa entidade abstrata chamada mercado, como afirmou Susan Strange, considerando-se que os principais agentes que comandam a globalização estão sediados em seu território? A não ser que acreditemos num total descolamento entre os interesses desses agentes – pessoas e empresas – e os do Estado norte-americano, o que parece uma hipótese não muito realista (nos dois sentidos que esse termo pode ter aqui), isso não é verdadeiro. Os analistas que pregam o fim do Estado acabam por colaborar, conscientemente ou não, para a difusão de uma outra perspectiva ideológica da globalização, muito em voga atualmente com a difusão do discurso neoliberal: o fim do papel do Estado como regulador da economia, como investidor nas questões sociais e como amortecedor dos conflitos. Acabam atentando contra a própria ideia de democracia ao propor, mesmo que implicitamente, uma "democracia do mercado", quando se sabe que o mercado, por definição, não é democrático.

Os que pregam a impotência, a inoperância do Estado frente à globalização, acabam fazendo coro com os ideólogos das potências, como Francis Fukuyama e Kenichi Ohmae. Na perspectiva dos Estados Unidos é interessante o enfraquecimento dos outros Estados, porque isso rigorosamente não está acontecendo com eles.

O ESTADO AINDA TEM MUITO A FAZER

A globalização, entendida como um aprofundamento da mundialização capitalista, como uma aceleração dos fluxos, tem provocado transformações no espaço geográfico mundial e nas relações internacionais; no entanto, é, antes de tudo, comandada por homens. Assim, não é um fenômeno incontrolável como, muitas vezes, é ideologicamente descrito. Aos Estados nacionais, mesmo nos países subdesenvolvidos, ainda resta alguma margem de manobra para regulá-la ou, pelo menos, minimizar seus efeitos negativos.

São esclarecedoras as palavras de Ricupero (1997, p. 8): "A UNCTAD observa que, com as barreiras comerciais mais baixas de hoje, 'o tamanho dos mercados nacionais diminuiu de importância. Ao mesmo tempo, as diferenças de custos entre as localizações, a qualidade da infraestrutura, a facilidade de fazer negócios e a disponibilidade de habilidades tornaram-se mais importantes'. O que faz a diferença entre o sucesso e fracasso no desenvolvimento não é a abundância de recursos naturais; países tão diversos quanto Brasil, Zaire, Rússia e Estados Unidos são bem dotados pela natureza. A diferença está no investimento em recursos humanos e, sobretudo, na qualidade das instituições públicas, entre as quais estão não apenas o sistema político, mas também o complexo de leis e regulamentos que cria condições para que os mercados funcionem. Atualmente, ninguém nega que o grande motor do desenvolvimento é o mercado. Mas o mercado precisa de um mínimo de estabilidade macro e microeconômica que só pode ser fornecido pelo Estado. O Brasil fará sua escolha sobre globalização. A escolha será moldada pela qualidade de suas instituições públicas e das percepções de seu interesse próprio."

Já que não se pode negar a globalização enquanto um processo histórico, torna-se premente fazer a crítica da ideologia atrelada a ela. Esse processo, embora avassalador, não acabou com o Estado. Apesar da difusão do discurso neoliberal atrelado à globalização, que prega o fim do Estado, ele continua tendo um papel fundamental no gerenciamento das questões econômicas, sociais, culturais etc. Antes de tudo, cabe ao Estado criar as condições para uma melhor inserção na economia globalizada. Há várias provas disso.

A criação da união aduaneira Mercosul, em 1991, é uma estratégia brasileiro-argentina visando fortalecer a economia regional para, a partir da aglutinação dos países vizinhos em torno desses dois mais industrializados, permitir-lhes uma inserção mais competitiva no processo de globalização e o enfrentamento das negociações da Alca, o bloco americano liderado pelos Estados Unidos.

Como mencionou Ricupero (*op. cit.*), como também propôs Cardoso (*op. cit.*), como sociólogo, o Estado precisa investir pesadamente em ciência e tecnologia e nos setores sociais, especialmente em educação e saúde, precisa ter uma política industrial apropriada etc., em suma, o Estado precisa atuar onde o mercado deixa um vácuo. Cabe ao Estado criar mecanismos mais eficientes para regular o mercado e investir seriamente no ser humano, igualando as oportunidades frente a esse mesmo mercado.

Apenas mal-informados ou interesseiros podem acreditar que o mercado pode funcionar sem o Estado. Como assegura Jameson (2001, p. 28): "O mercado livre não cresce naturalmente: precisa ser criado através de meios legislativos drásticos e de outras medidas intervencionistas". O mesmo ponto de vista é defendido por Stiglitz (1998, p. 5-5): "As políticas do Consenso de Washington que venho discutindo se fundamentaram na rejeição do papel ativista do Estado e na busca do Estado mínimo e não intervencionista. A premissa não manifesta é que os governos são piores que os mercados. Portanto, quanto menor o Estado, melhor (quer dizer, menos ruim) ele é. Como já deve ter ficado claro, eu não acredito em afirmações generalizadas do tipo 'os governos são piores que o mercado'. (...)"

Quero propor que o governo deva se considerar como um complemento aos mercados, atuando para que os mercados cumpram melhor as suas funções, além de corrigir suas eventuais falhas. Nós já discutimos um exemplo importante, no setor financeiro, em que, sem regulação governamental adequada, o setor simplesmente não funciona bem. Os países que têm economias bem-sucedidas também têm governos envolvidos numa ampla gama de atividades."

As palavras de Joseph Stiglitz, então vice-presidente e economista-chefe do Banco Mundial, soam como um *mea-culpa* da organização, que até há pouco tempo propunha um receituário ultraliberal, no bojo do chamado Consenso de Washington, no qual previa uma redução do papel do Estado na economia.

Por isso, é importante combater os discursos do tipo "fim do Estado" e "fim da política" e para isso é muito bem-vindo o alerta de Hirst e Thompson contra a ideia de inelutabilidade do processo de globalização, que subliminarmente prega desesperança e acomodação: "A 'globalização' é um mito conveniente a um mundo sem ilusões, mas é também um mito que rouba a esperança. Os mercados são dominantes, e não enfrentam ameaça alguma de um projeto político contrário viável, pois está se considerando que a democracia social ocidental e o socialismo do bloco soviético acabaram. Só é possível chamar o impacto político da 'globalização' de patologia das expectativas ultrarrebaixadas. (...) Mas isso não nos deve levar a rejeitar ou ignorar as formas de controle e de melhoria social que poderiam ser ativadas de maneira relativamente rápida com uma modesta mudança nas atitudes por parte das principais elites. Portanto, é fundamental persuadir os reformadores da esquerda e os conservadores que cuidam dos pilares de suas sociedades de que não estamos desamparados diante de processos globais incontroláveis. Se isso acontecer, a mudança de atitudes e de expectativas pode tornar esses objetivos mais radicais aceitáveis" (Hirst e Thompson, 1998, p. 20-1).

Enfim, cabe a cada Estado-nação criar as condições para o enfrentamento das novas questões colocadas pela globalização. Cabe aos dirigentes dos respectivos Estados que compõem o sistema internacional, com o aval dos cidadãos que os elegeram, fazer as melhores escolhas para a sociedade, considerando os interesses nacionais, porque, apesar do discurso ideológico de cunho neoliberal que a acompanha, a globalização, embora tenha reduzido as margens de manobra dos Estados, sobretudo dos países mais pobres, não acabou com a política.

UM RESGATE DO ESPAÇO GEOGRÁFICO

O avanço da globalização promoveu uma drástica mudança na forma como muitos seres humanos se relacionam com o espaço geográfico. Seres humanos, evidentemente, é um termo muito vago: é preciso qualificá-los. A humanidade está distribuída pelo território de diferentes Estados nacionais e está hierarquizada, dentro deles, em classes sociais. As relações das pessoas com o espaço geográfico também são mediadas pelo acesso diferenciado à renda e à tecnologia. Portanto, os avanços tecnológicos nos transportes e nas telecomunicações mudaram a perspectiva do mundo de forma bastante desigual, segundo a posição das pessoas no espaço geográfico e sua inserção na sociedade.

Outras dimensões da globalização, como a socioeconômica, a cultural e a política, estão permanentemente atravessadas pela dimensão espacial, ou melhor, todas elas se materializam no espaço geográfico. Assim, neste e no próximo capítulo buscaremos enfatizar a dimensão espacial da globalização, analisando suas especificidades. Antes, contudo, procuraremos resgatar alguns conceitos e categorias próprios da geografia – especialmente os conceitos de espaço geográfico e formação socioespacial – fundamentais para o enfoque territorial da questão.

EXISTE A PAISAGEM OU SÓ O ESPAÇO GEOGRÁFICO?

A paisagem é apenas uma pequena parte da configuração territorial ou configuração geográfica, exatamente a parte que pode ser apreendida com um olhar (Santos, 1996, 1997, 1997a). É, portanto, a aparência do espaço geográfico. Entretanto, essa apreensão é sempre parcial e limitada. Como cada um observa com olhos diferentes, devido a interesses, formações e pontos de vista diversos, é razoável afirmar que existem tantas paisagens quanto forem os observadores. Logo, a observação da paisagem é insuficiente para explicar a relação homem-natureza. Temos de ir além da aparência e apreender a essência dessa relação: o espaço geográfico.

Aqui cabe indagar: será que a paisagem existe de fato ou é apenas uma abstração? No livro *A natureza do espaço*, Milton Santos utilizou uma interessante figura de linguagem para diferenciar espaço geográfico de paisagem. Afirmou que se durante a Guerra Fria o Pentágono tivesse levado a cabo o projeto de construção de uma bomba de nêutrons e na hipótese de sua explosão, antes teríamos o espaço geográfico, depois, apenas a paisagem[1]. O espaço geográfico seria, então, a paisagem animada pela sociedade, a materialização da relação sociedade-natureza.

Como não ocorreu tal explosão e o ser humano deixou suas marcas em todo o planeta, praticamente não é mais possível falar em primeira natureza. Então é plausível supor que a paisagem é uma abstração, já que não é possível analisá-la isoladamente, descolada da sociedade que a construiu. Assim, o que há de fato como possibilidade de interpretação da relação sociedade-segunda natureza é o conceito de espaço geográfico.

Por que então continuar a falar em paisagem? Porque não é possível entender a relação da sociedade com seu espaço sem antes decompô-lo. A primeira decomposição possível do espaço geográfico é a descrição da paisagem, a análise de sua forma, seguida pela descrição sistemática, cartografando a configuração territorial. Deve ser lembrado também que nas paisagens se acumulam tempos diferentes, daí a importância da análise do processo histórico para a compreensão do espaço geográfico. As palavras de Dollfus (1972, p. 11) são esclarecedoras:

"Toda paisagem que reflete uma porção do espaço ostenta as marcas de um passado mais ou menos remoto, apagado ou modificado de maneira desigual, mas sempre presente. É um palimpsesto onde a análise das sucessivas heranças permite que se rastreiem as evoluções. O espaço geográfico se acha impregnado de história. Isto o diferencia dos espaços econômicos os quais, as mais das vezes, descuram o estendal histórico. A aparência desse espaço concreto e localizável pode ser descrita: é a paisagem."

É também a imagem do palimpsesto que Milton Santos utiliza para explicar a evolução da paisagem e o desvendamento do espaço geográfico: "O seu caráter de palimpsesto, memória viva de um passado já morto, transforma a paisagem em precioso instrumento de trabalho, pois 'essa imagem imobilizada de uma vez por todas' permite rever as etapas do passado numa perspectiva de conjunto" (Santos, 1996, p. 86).

Alerta, porém, que é impossível uma relação dialética sociedade-paisagem, porque a paisagem é relativamente estática, é história congelada, é um sistema material. Só é possível uma relação dialética sociedade-espaço, porque o espaço geográfico é animado pela sociedade, é sempre presente e é um sistema de valores em permanente transformação. Assim, a paisagem pode ser o ponto de partida para apreensão da relação sociedade-espaço, mas nunca pode dar conta sozinha da complexidade dessa relação.

Santos (1997) propõe quatro categorias de análise do espaço: forma, função, estrutura e processo. Tentar apreender o espaço geográfico analisando somente a paisagem é ficar restrito à sua forma, sem captar sua função na estruturação da sociedade e sem captar sua dimensão histórica, o processo. Mas, assim como a análise unicamente da forma não dá conta da compreensão do espaço, é apenas o ponto de partida, a análise isolada da função e da estrutura é a-espacial, porque função e estrutura só se realizam materializadas no espaço. Da mesma maneira que o processo também só tem sentido materializado no espaço. Por isso a importância de uma abordagem holística, que integre dialeticamente essas quatro categorias, para a compreensão do espaço geográfico. "Forma, função, estrutura e processo são quatro termos disjuntivos, mas associados, a empregar segundo um contexto do mundo de todo dia. Tomados individualmente representam apenas realidades parciais, limitadas, do mundo. Considerados em conjunto, porém, e relacionados entre si, eles constroem uma base teórica e metodológica a partir da qual podemos discutir os fenômenos espaciais em totalidade" (Santos, 1997, p. 52).

Criticando a visão fisicalista do espaço, Soja (1993) sustenta que o termo "espacial" evoca uma imagem física e geométrica e defende também a apreensão do espaço como construção social. Usa o termo "espacialidade" para especificar o espaço socialmente construído.

O fato de o espaço ser uma construção social não é mais objeto de debates entre os geógrafos, é consenso. O problema é a definição clara do seu significado. Tanto que alguns se esquivam do problema, como Soja, ao usar o termo "espacialidade".

Aperfeiçoando sua definição do espaço geográfico como "um conjunto de fixos e fluxos", Milton Santos (1980, 1997a), num dos últimos livros que publicou, propôs que esse seja analisado como um conjunto de sistemas de objetos e de ações: "O espaço é formado por um conjunto indissociável, solidário e também contraditório, de sistemas de objetos e sistemas de ações, não considerados isoladamente, mas como o quadro único no qual a história se dá. (...)

O espaço é hoje um sistema de objetos cada vez mais artificiais, povoado por sistemas de ações igualmente imbuídos de artificialidade, e cada vez mais tendentes a fins estranhos ao lugar e a seus habitantes" (Santos, 1996, p. 51). Na mesma linha, Castells (1999) aponta que o espaço de fluxos, característico da globalização, está cada vez mais suplantando o espaço dos lugares, onde historicamente está enraizada nossa experiência comum. Radicalizando, diz que a cidade global – nó privilegiado da geografia das redes – não é um lugar, mas um processo, caracterizado pelo predomínio estrutural do espaço de fluxos.

Essas definições dão conta do espaço geográfico na era da globalização, um espaço cada vez mais denso de objetos técnicos que funcionam de forma sistêmica e em redes – por isso mesmo cada vez mais normatizados –, através das quais correm crescentes e diversos fluxos.

O ESPAÇO GEOGRÁFICO GANHA ESPAÇO

Se, como propõe Santos (1980, 1994, 1996, 1997a), o espaço é o casamento entre a sociedade e sua paisagem ou configuração territorial, ou, dizendo de outra forma, o espaço é composto por um conjunto indissociável de sistemas de objetos e sistemas de ações (1996), então ele entra como componente intrínseco das relações sociais. Assim, o espaço geográfico deixa de ser apenas o receptáculo que contém as coisas, como era interpretado pela geografia tradicional (Corrêa, 1995), ou o palco das relações sociais, como entendiam os marxistas ortodoxos (Soja, 1993), e passa a moldar as relações sociais e a interagir com elas no sentido de favorecer ou não sua instalação. Mark Gottdiener, depois de tecer considerações sobre a apropriação privada do espaço, reportando-se a Lefebvre, diz: "Assim, para Lefebvre, o espaço possui, no modo de produção, o mesmo status ontológico que o capital ou o trabalho. E as relações espaciais representam uma fonte rica e constante de contradições sociais que requerem análise em seus próprios termos e que não podem ser descartadas, tal qual os economistas políticos marxistas tentam fazer, como mera reflexão de contradições causadas internamente pelo próprio processo de produção. De fato, afirmar que o espaço é uma força de produção implica dizer que é parte essencial desse processo" (Gottdiener, 1993, p. 129).

Anos antes, Milton Santos, quando lançou o conceito de rugosidade para apreender a interferência do espaço construído historicamente nas relações sociais, fazia mais ou menos a mesma leitura: "O espaço é matéria trabalhada por excelência. Nenhum dos objetos sociais tem tanto domínio sobre o homem, nem está presente de tal forma no cotidiano dos indivíduos. A casa, o lugar de trabalho, os pontos de encontro, os caminhos que unem entre si estes pontos são elementos passivos que condicionam as atividades dos homens e comandam sua prática social. A práxis, ingrediente fundamental da transformação da natureza humana, é um dado socioeconômico mas é também tributária das imposições espaciais. Como disse Callois (1964, p. 58) o espaço impõe a cada coisa um conjunto de relações porque cada coisa ocupa um certo lugar no espaço" (Santos, 1980, p. 137).

Em livro posterior, Santos (1996a) chegou mesmo a defender que os indivíduos apresentam maior ou menor grau de cidadania dependendo de sua posição no espaço geográfico.

Soja (1993), buscando explicar o atraso da incorporação do espaço nas análises sociais dos marxistas, sugere que esse descaso histórico originou-se no próprio Marx, que rejeitava explicações geográficas da história como uma resposta à dialética hegeliana, que teria reificado e fetichizado o espaço. Teve origem também no caráter antiespacial do dogmatismo marxista, tal como ele emergiu da II Internacional e se consolidou durante o período stalinista. Outro motivo seria a publicação tardia do *Gundrisse*, a obra de Marx na qual a problemática espacial aparece de forma mais explícita – em russo em 1939, em alemão em 1953 e em inglês só em 1973.

Somente no final dos anos 1970, com a consolidação da geografia crítica e a incorporação de um marxismo livre de dogmatismos à análise da relação sociedade-espaço, foi possível a emergência de uma dialética espacial. Coube a Milton Santos, num texto já clássico, a definição da categoria formação socioespacial, que incorpora definitivamente o espaço na explicação das formações econômico-sociais. Para destacar a relação dialética sociedade-espaço declara: "Como pudemos esquecer por tanto tempo esta inseparabilidade das realidades e das noções de sociedade e de espaço inerentes à categoria da formação social? Só o atraso teórico conhecido por essas duas noções pode explicar que não se tenha procurado reuni-las num conceito único. Não se pode falar de uma lei separada da evolução das formações espaciais. De fato, é de formações sócio-espaciais que se trata" (Santos, 1977, p. 93).

Retoma esse debate em seu livro *Por uma geografia nova*, lançado em 1978, um marco da renovação crítica no Brasil. Criticando os continuadores de Marx por não levarem em consideração o espaço em suas análises sobre a formação social, escreve: "Afirmamos que se trata muito mais de uma categoria de *Formação Socioeconômica e Espacial*, pois não há e jamais houve Formação Social independente do espaço. A sociedade não se pode tornar objetiva sem as formas geográficas. Por outro lado, os objetos que constituem a paisagem orientam, depois, a evolução da própria sociedade, fato que não tem sido suficientemente nem sistematicamente indicado" (Santos, 1980, p. 199). Roberto Lobato Corrêa, ao fazer uma leitura de Milton Santos, manifesta concordância: "Não há, assim, porque falar em sociedade e espaço como se fossem coisas separadas que nós reunimos a posteriori, mas sim em formação sócio-espacial" (Corrêa, 1995, p. 26-7).

Percebe-se que o marxismo vulgar só aceitava as determinações econômicas sobre a "superestrutura" e, assim, uma dialética espacial foi totalmente descartada. A rigor, o dogmatismo marxista só fez reproduzir a visão positivista que via o espaço apenas como receptáculo. Não é possível apreender o espaço geográfico sem a sociedade, mas também não é possível apreender a sociedade sem o espaço geográfico. A relação sociedade-espaço é dialética porque os condicionamentos são recíprocos. Por isso é que não é possível uma relação sociedade-natureza ou sociedade-paisagem. Retornamos às categorias forma, função, estrutura e processo.

Como consequência desses avanços teórico-metodológicos, que são, sem nenhum determinismo tecnológico, reflexos das mudanças sociotécnicas que estão ocorrendo na relação sociedade-espaço, o espaço geográfico vem ganhando cada vez mais importância na análise das Formações Sociais. Deixa de ser um mero receptáculo ou palco das relações sociais para ser também um de seus condicionantes. Reforçando esse ponto de vista, Manuel Castells, contrariando o senso comum e mesmo teóricos como Harvey (1993) e Leyshon (1995), que veem o espaço sendo aniquilado pelo tempo, assevera: "(...) ao contrário da maioria das teorias sociais clássicas, que supõem o domínio do espaço pelo tempo, proponho a hipótese de que o espaço organiza o tempo na sociedade em rede" (Castells, 1999, p. 403). No capítulo a seguir, discutiremos com mais vagar essa polêmica.

Nunca o espaço geográfico foi tão valorizado (nos dois sentidos do termo) como está sendo na atual etapa da expansão capitalista, na era da globalização, na era informacional.

NOTA

[1] É preciso admitir, no entanto, que essa ilustração não é isenta de problemas: como falar em "paisagem" após a referida explosão, se para sua existência é necessário um observador?

A DIMENSÃO ESPACIAL: UM ENFOQUE GEOGRÁFICO DA GLOBALIZAÇÃO

MUNDO MENOR OU MAIOR?

Com o avanço da globalização generalizou-se, no senso comum, na mídia e mesmo entre alguns pesquisadores, a percepção de que está havendo um encurtamento das distâncias e uma contração do tempo, tornando o mundo menor. Como aponta Harvey (1993, p. 219): "A seguir vou me referir com frequência ao conceito de 'compressão do tempo-espaço'. Pretendo indicar com essa expressão processos que revolucionaram as qualidades objetivas do espaço e do tempo a ponto de nos forçarem a alterar, às vezes radicalmente, o modo como representamos o mundo para nós mesmos. Uso a palavra 'compressão' por haver fortes indícios de que a história do capitalismo tem se caracterizado pela aceleração do ritmo da vida, ao mesmo tempo em que venceu as barreiras espaciais em tal grau que por vezes o mundo parece encolher sobre nós. O tempo necessário para cruzar o espaço

[Figura 2] e a forma como costumamos representar esse fato para nós mesmos [Figura 3] são indicadores do tipo de fenômeno que tenho em mente."

Seguindo a mesma tendência, Robertson (1999, p. 23) defende que: "A globalização, como conceito, refere-se, ao mesmo tempo, à compressão do mundo e à intensificação da consciência do mundo como um todo."

Como se percebe pelas ilustrações anexas, com os avanços tecnológicos nos transportes e nas telecomunicações, suporte da globalização, a imagem do mundo encolhendo tornou-se difundida. A mídia tem desempenhado um importante papel nisso. Essa imagem tem sido muito utilizada na publicidade, como se constata observando-se os anúncios selecionados (Figuras 3, 4 e 5).

Não é por acaso que a imagem popular do mundo encolhendo tem sido veiculada por empresas de aviação, de telecomunicações e de informática, principais responsáveis pelos avanços tecnológicos que têm promovido o encurtamento das distâncias, a convergência do tempo-espaço (Leyshon, 1995).

Em anúncio veiculado em redes de televisão ao longo do ano de 1996, a IBM, gigante norte-americana dos computadores, depois de mostrar cenas de pessoas de diversas etnias e de diferentes países, sugerindo que estavam próximas e em contato, numa clara alusão à metáfora da "aldeia global", vendia "soluções para um mundo pequeno". Aliás, essa frase é exatamente o *slogan* corporativo dessa empresa.

A compressão do tempo-espaço também aparece na música popular. Gilberto Gil, na canção *Parabolicamará*, diz:

> Antes mundo era pequeno
> Porque Terra era grande
> Hoje mundo é muito grande
> Porque Terra é pequena
> Do tamanho da antena parabolicamará
> Ê, volta do mundo, camará
> Ê, mundo dá volta, camará
> Antes longe era distante

> Perto só quando dava
> Quando muito ali defronte
> E o horizonte acabava
> Hoje lá trás dos montes
> Dende casa, camará
> Ê, volta do mundo, camará
> Ê, mundo dá volta, camará
> De jangada leva uma eternidade
> De saveiro leva uma encarnação
> De avião o tempo de uma saudade
> Pela onda luminosa
> Leva o tempo de um raio
> Tempo que levava Rosa
> Pra arrumar o balaio
> Quando sentia que o balaio ia
> escorregar, ê, volta do mundo, camará
> Ê, mundo dá volta, câmara
> (...)
> GIL, Gilberto. *Unplugged* [CD]. Warner Music Brasil, 1994. faixa 10.

Nessa letra, contrariando o lugar comum, o compositor Gilberto Gil não usa Terra e mundo como sinônimos. As artes estão abertas a várias interpretações. Uma das possibilidades de leitura dessa letra: Terra é o planeta e mundo é o espaço das possibilidades, da ação, do conhecido e até mesmo da vivência. Assim, antes o mundo era pequeno, limitado, devido ao desconhecimento do planeta, devido à limitação das técnicas de transportes e comunicações. Havia quase tantos mundos quanto fossem os povos e muitos deles nem sequer sabiam da existência de muitos outros.

Desde os primórdios das Grandes Navegações, quando teve início a formação da economia-mundo capitalista, para usar um conceito de Wallerstein (1979, 1984, 1999), passando pelo advento das ferrovias, do barco a vapor, do telégrafo e, sobretudo, depois dos recentes avanços tecnológicos nos transportes e nas telecomunicações, com o avião a jato, o satélite e o computador, o espaço da ação, das possibilidades, ampliou-se consideravelmente. Hoje pode-se sustentar que mundo é sinônimo de planeta, que não há mais lugares desconhecidos ou completamente desconectados, e isso é uma construção do capitalismo desde o final do século xv. De acordo com Moraes e Costa (1987, p. 82): "Toda a história pré-capitalista da humanidade se desenrola no contexto de quadros espaciais restritos. Isto significa que inexiste, até o advento do capitalismo, uma história universal. São modos de produção inscritos em quadros particulares, em histórias ímpares e autônomas. Os contatos entre as civilizações são inexistentes, tênues ou esporádicos."

Ao analisar a mudança da concepção de tempo e de espaço com o advento do Iluminismo, Harvey (1993) faz alusão aos "mundos" do feudalismo europeu. Utiliza o plural para destacar o relativo isolamento dos lugares. Se isso era verdadeiro para a escala continental, o que dizer para a mundial?

A noção de planeta como totalidade ou como sistema só emergiu a partir da expansão marítima europeia. Não por acaso os primitivos mapas-múndi, ou seja, os primeiros mapas que mostravam o planeta inteiro, apesar das imperfeições compreensíveis para a época, datam dos primórdios da expansão capitalista.

Um mapa elaborado em 1508 pelo cartógrafo florentino Francesco Rosselli (Figura 6), embora não mostre a Oceania, é considerado o primeiro mapa-múndi da história da cartografia (Smith, 1999).

No entanto, o mapa-múndi mais famoso pelas inovações em termos de orientação e apoio à navegação e por sua importância na história da cartografia foi elaborado em 1569 pelo cartógrafo flamengo Gherard Kremer, de codinome Mercator (Figura 7). Apesar das enormes distorções em altas latitudes resultantes da opção técnica visando facilitar a definição de rumos e, portanto, a orientação nos mares, esse mapa mostrava o planeta inteiro; ou quase, a Oceania ainda continuava de fora. Nessa época apenas começava a construção da sinonímia entre planeta e mundo e, claro, qualquer mapa-múndi registrava a Terra de forma muito imprecisa devido à limitação técnica e ao desconhecimento de boa parte de sua superfície.

Quando comparamos esses mapas com outros mais antigos, fica evidente que antes das Grandes Navegações havia vários mundos. A Figura 8 mostra o mundo dos europeus visto pelo cartógrafo grego Claudius Ptolomeu em 150 d.C. Esse mapa representava o período clássico grego. Durante a Idade Média, a influência místico-religiosa obliterou por vários séculos os avanços do período helênico. Tanto que o mapa ptolomaico só ressurgiu na Itália com o advento da Renascença.

Até o início das Grandes Navegações o mundo dos europeus era basicamente o mesmo dos árabes, mudando apenas a ênfase (os árabes centravam seu mundo em Meca e o sul aparecia no topo), como se pode perceber pelo mapa da Figura 9, reproduzido em 1456 com base no original feito no século XII pelo cartógrafo árabe Al-Idrisi.

Se voltarmos mais no tempo fica ainda mais evidente que o mundo era limitado, praticamente se restringindo ao lugar, como mostra o "mapa" mais antigo de que se tem notícia (Figura 10). Esse esboço rústico feito de argila é conhecido como mapa de Ga-Sur. Embora difícil de visualizar, devido às limitações técnicas da época e à antiguidade da peça, mostra o vale de um rio, provavelmente o Eufrates. Portanto, esse era o mundo dos mesopotâmicos, entre aproximadamente 2.200 e 2.400 a.C., idade estimada para esse "mapa".

Assim, antes do início das Grandes Navegações cada povo tinha seu mundo singular e o representava de forma particular. Com a expansão europeia, com o surgimento de uma progressiva sinonímia entre planeta e mundo, vão se desfazendo as singularidades, começa a haver uma crescente unicidade da Terra, como propõe Santos (1996, 2000), ou desenvolvendo-se um sistema mundial, como defende Wallerstein (1979, 1984).

Conforme afirma David Harvey, desde a Renascença, e posteriormente com o advento do Iluminismo, os mapas cada vez mais ganharam racionalidade e precisão. "A ciência da projeção mapográfica e as técnicas de levantamento cadastral os tornaram descrições matematicamente rigorosas. Eles definiam, com crescente grau de precisão, direitos de propriedade da terra, fronteiras territoriais, domínios de administração e controle social, rotas de comunicação etc. Eles também permitiam que toda a população da terra, pela primeira vez na história humana, fosse localizada numa única estrutura espacial" (Harvey, 1993, p. 227).

Isso ficou particularmente evidente com o desenvolvimento dos satélites de observação da Terra, que passaram a mostrá-la por inteiro e a esquadrinhá-la milimetricamente. Desde o longínquo 1958, quando o cosmonauta soviético Yuri Gagarin disse estupefato "A Terra é azul!" que se dissiparam todas as dúvidas de que planeta e mundo são a mesma coisa, de que compõem uma totalidade, de que funcionam de forma sistêmica.

Embora David Harvey analise a transformação da concepção de tempo e espaço com o desenvolvimento do cronômetro e do mapa e Milton Santos fale em unicidade do tempo e em convergência dos momentos, não mencionaram uma importante convenção para viabilizar a crescente unificação do mundo. Trata-se da padronização das referências das coordenadas de longitude e da hora mundial acordada por 41 delegados representando 25 países na Conferência Internacional do Meridiano, realizada no ano de 1884 em Washington DC. Naquela ocasião o Meridiano de Greenwich (cidade próxima a Londres) foi definido como o meridiano principal e a hora de referência para os relógios do mundo.

Os processos descritos acima têm levado muitos a falar no surgimento de um mundo único, se não como realidade, pelo menos como possibilidade, para apreender essa crescente interdependência inerente ao avanço capitalista, sobretudo em sua atual etapa da globalização. Muitos pesquisadores têm lançado mão da categoria sistema mundial, criada por Wallerstein (1979, 1984), para a apreensão de uma economia-mundo cada vez mais sistêmica. Dollfus (1994, p. 24) utiliza o conceito de sistema-mundo para definir a progressiva interdependência planetária. "Esse período excepcional de crescimentos, alguns dos quais são atualmente exponenciais, está ligado a uma humanidade que funciona pela primeira vez com um sistema único. O Sistema-Mundo conceitualiza um conjunto – a humanidade – de conjuntos – os Estados em seus territórios e as sociedades humanas no desdobramento geográfico de suas culturas, de suas empresas e dos mercados nos seus espaços." Santos (1994, p. 48) também usa essa categoria: "A globalização constitui o estádio supremo da internacionalização, a amplificação em 'sistema-mundo' de todos os lugares e de todos os indivíduos, embora em graus diversos. Nesse sentido, com a unificação do planeta, a Terra torna-se um só e único 'mundo' e assiste-se a uma refundição da 'totalidade-terra'." No entanto, em seu mais recente livro, revisou esta afirmação, considerando-a ideológica, embora mantendo-se otimista quanto ao futuro: "A ideologia de um mundo só e da aldeia global considera o tempo real como um patrimônio coletivo da humanidade. Mas ainda estamos longe desse ideal, todavia alcançável" (Santos, 2000, p. 28). Gorender (1995, p. 93) fala de uma sociedade planetária unificada também como uma possibilidade, como algo do futuro: "Globalização e revolução tecnológica projetam para o futuro a possibilidade de uma sociedade planetária unificada. Compreensivelmente, trata-se de um futuro a longo prazo, indefinido no surgimento e indeterminado nos traços concretos. Contudo, vários aspectos atinentes a tal futuro já se evidenciam no presente."

No entanto, a globalização é um processo temporal e espacialmente desigual. Não são todos os lugares nem todas as pessoas que fazem parte do espaço de fluxos. Os fluxos hegemônicos se dão em redes e há enormes porções do espaço geográfico mundial à margem deles, principalmente nos países subdesenvolvidos, sobretudo da África, o continente mais pobre e com menor densidade de infraestrutura.

Como nos lembra Milton Santos (1996), os fluxos hegemônicos se instalam onde há maior densidade de objetos técnicos. Daí porque as cidades globais sediam a maior parte desses fluxos e têm o poder de comando sobre eles, notadamente as dos países desenvolvidos. Como salienta Dollfus (1994, p. 34-5): "No final do século XX, os poderes que atuam sobre o Mundo e as inovações que o transformam localizam-se num número limitado de lugares: megalópoles da América do Norte, a do nordeste e a da Califórnia, a do Japão, centrada em Tóquio, a da Europa Ocidental, entre a planície do Pó e a bacia de Londres, englobando a ilha parisiense. (...) Por toda parte as mesmas grandes infraestruturas, plataformas aeroportuárias e portuárias, redes rodoviárias e ferroviárias, os mesmos grandes hotéis e as altas torres onde têm sede as grandes empresas; por toda parte os preços dos imóveis nos grandes centros urbanos são justificados pelo número de negócios das empresas mundiais que aí se encontram.

O poderio mundial se exerce numa concentração geográfica dos poderes".

Ao observar a cartografia das cidades globais (veja mapa da Figura 11), percebe-se que a maioria delas se localiza nas regiões descritas acima por Dollfus.

Manuel Castells chega à mesma conclusão que Olivier Dollfus. No entanto, nos lembra que mesmo nos centros de comando, nos principais pontos de interconexão dos fluxos mundiais, há pessoas marginalizadas: "As megacidades articulam a economia global, ligam redes informacionais e concentram o poder mundial. Mas também são depositárias de todos esses segmentos da população que lutam para sobreviver, bem como daqueles grupos que querem mostrar sua situação de abandono, para que não morram ignorados em áreas negligenciadas pelas redes de comunicação. As megacidades concentram o melhor e o pior – dos inovadores e das diferentes formas de poder a pessoas não importantes para a estrutura, prontas a vender sua irrelevância ou fazer que 'os outros' paguem por ela. No entanto, o que é mais significativo sobre as megacidades é que elas estão conectadas externamente a redes globais e a segmentos de seus países, embora internamente desconectadas das populações locais responsáveis por funções desnecessárias ou pela ruptura social. Em minha opinião, isso acontece com Nova York, bem como com a Cidade do México e Jacarta" (Castells, 1999, p. 429).

Milton Santos (1996) chama a atenção para o importante fato de que não há um espaço global, mas apenas espaços da globalização, ligados por redes. Propõe que a globalização seja encarada na perspectiva de uma geografia das redes. Ora, as cidades globais são exatamente os pontos de interconexão privilegiados da rede de fluxos da globalização, do espaço de fluxos.

Aqui uma distinção conceitual torna-se importante. Deve ser lembrado que as cidades globais, uma definição qualitativa, não coincidem necessariamente com as megacidades, aglomerações com mais de 10 milhões de habitantes, de acordo com a ONU, definidas por um critério quantitativo. Zurique, na Suíça, em 2000, tinha 939 mil habitantes (*World urbanization prospects: the 2001 revision*), mas é uma cidade global pelo papel de comando que desempenha na rede urbana mundial. É sede de importantes empresas e apresenta alta densidade de objetos técnicos conectando-a aos fluxos globalizados. Há poucas pessoas marginalizadas nessa cidade suíça. Por outro lado, a região metropolitana de Dhaka, em Bangladesh, no mesmo ano tinha 12,5 milhões de pessoas (*op. cit.*), sendo, portanto, uma megacidade, mas não uma cidade global, devido à carência de objetos técnicos e à sua reduzida importância em termos de serviços globais – financeiros, comerciais, turísticos etc. Além disso, uma grande parcela de sua população está abandonada, desconectada, marginalizada dos fluxos globais.

Feita essa distinção, somos levados a discordar de Castells (1999, p. 429) quando diz: "As megacidades articulam a economia global, ligam as redes informacionais e concentram o poder mundial". As responsáveis por isso são as cidades globais, onde há maior densidade de objetos técnicos, e não as megacidades. É que coincide de algumas das maiores megacidades do mundo serem também cidades globais – Nova York e Tóquio (duas das quatro mais importantes), além de Los Angeles, Cidade do México, São Paulo, Osaka, Jacarta, Xangai, Pequim e Buenos Aires. Por outro lado, as outras duas das quatro mais importantes cidades globais – Londres e Paris – não são consideradas megacidades, segundo o critério da ONU, pois têm menos de 10 milhões de habitantes.

A maior ou menor densidade de objetos técnicos, o maior ou menor nível de conexão com as redes globais não estão necessariamente ligados ao tamanho físico e populacional da cidade. Portanto, os nós principais dos fluxos da economia informacional/ global são as mais importantes cidades globais.

Mesmo entre as cidades globais há uma hierarquia, como se constata pela observação do mapa da Figura 11. Com base em pesquisa desenvolvida pelo *GaWC (Globalization and World Cities Study Group and Network)*, ligado à Universidade de Loughborough (Reino Unido), São Paulo, por exemplo, estaria no nível *beta*, ao lado de Zurique, da Cidade do México, de Madri, entre outras; logo abaixo de Nova York, Tóquio, Londres, Paris, Frankfurt, Chicago, Los Angeles, Milão, Cingapura e Hong Kong, de nível *alfa*, os nós principais da rede global de cidades (Beaverstock, 1999).

Aqui o conceito de lugar torna-se fundamental para enfocar a globalização. As pessoas vivenciam apenas uma pequena porção do espaço geográfico, que é exatamente o lugar. Ninguém vive na escala do mundo nem da nação ou da região, todos vivemos no lugar. Pois é no lugar que se instauram os fluxos da globalização e, não por outro motivo, Santos (1996, 2000) propõe que uma possível resistência a esse processo está no lugar, sobretudo nas cidades. "A ordem global busca impor, a todos os lugares, uma única racionalidade. E os lugares respondem ao Mundo segundo os diversos modos de sua própria racionalidade" (Santos, 1996, p. 272). Lembremos do movimento *Cittaslow*.

Porém, não devemos esquecer quão fragmentadas podem ser as cidades. As grandes aglomerações, sobretudo as megacidades, não formam um lugar, mas um conjunto de lugares. Ninguém consegue vivenciar a metrópole por inteiro. Como salienta Carlos (1996, p. 20-2): "O lugar é a porção do espaço apropriável para a vida – apropriada através do corpo – dos sentidos – dos passos de seus moradores, é o bairro, é a praça, é a rua, e nesse sentido poderíamos afirmar que não seria jamais a metrópole ou mesmo a cidade *lato sensu* a menos que seja a pequena vila ou cidade – vivida/conhecida/reconhecida em todos os cantos."

As possibilidades de conexão dos lugares são diferentes, mesmo dentro das cidades globais, como São Paulo, para ficar no exemplo brasileiro: há lugares mais conectados que outros. Como vimos, a capacidade de conexão das pessoas é mediada pelo acesso à renda e à tecnologia. Muitas pessoas não podem aproveitar o aparato técnico de mobilidade e informação e vivem ainda bastante restritas ao lugar. No dizer de Santos (1996, p. 112): "Na grande cidade, há cidadãos de diversas ordens ou classes, desde o que, farto de recursos, pode utilizar a metrópole toda, até o que, por falta de meios, somente a utiliza parcialmente, como se fosse uma pequena cidade." Nesse ponto discordamos de Milton Santos. Normalmente as pessoas não utilizam a metrópole toda, mesmo as que têm recursos, porque a oferta de bens e serviços é fragmentada, descentralizada. Cremos que mesmo os fartos de recursos vivenciam-na como se fosse uma cidade pequena, ou talvez média. Ocorre que esses vivem nas melhores zonas da metrópole, enquanto os pobres são confinados nas piores e vivenciam-na como uma cidade pequena bastante limitada em termos de infraestrutura de bens e serviços.

Não custa recordar com Lacoste (1988) que somente as grandes empresas e principalmente os Estados utilizam o espaço como um todo, têm dele uma visão abrangente, totalizadora, diferente da maioria dos cidadãos, que têm dele uma visão parcial, fragmentada.

Outra ressalva que devemos fazer é que a noção de rede urbana global, de cidades globais, pode não explicitar claramente que continua havendo uma clara hierarquia entre os países, e que a noção de centro-periferia continua válida. Não é por acaso que a maioria das cidades globais se encontra nos países desenvolvidos, no centro do sistema capitalista, denotando sua posição de comando, e as megacidades encontram-se majoritariamente nos países subdesenvolvidos, na periferia, denotando sua marginalização.

O ESPAÇO GEOGRÁFICO ESTÁ SE EXPANDINDO

Conforme já observamos, como resultado do avanço da globalização e da revolução técnico-científica tem se difundido a percepção de que o mundo está ficando menor e, consequentemente, a noção de que o espaço geográfico também estaria encolhendo. Encaramos essa questão na contramão dessa tendência.

Desde 1915, quando Albert Einstein formulou a teoria geral da relatividade, os físicos consideram espaço e tempo como categorias unas. Como esclarece Hawking (1988, p. 46): "A teoria da relatividade, entretanto, nos força a mudar fundamentalmente os conceitos de espaço e tempo. Devemos aceitar que o tempo não é completamente isolado e independente do espaço, mas sim que eles se combinam para formar um elemento chamado espaçotempo." Os físicos falam em espaço quadridimensional, sendo o tempo a quarta dimensão. No entanto, o conceito de espaço dos físicos é diferente do dos geógrafos. De forma mais ampla, usam o conceito de espaço como sinônimo de espaço sideral, onde é possível registrar a velocidade da luz e comprovar as teorizações acerca da relatividade e da contração do espaço-tempo; de forma mais restrita, falam de espaço geométrico, como sinônimo de localização de um determinado corpo, onde é possível registrar os fenômenos físicos do dia a dia.

Do ponto de vista físico faz todo sentido falar em aniquilamento do espaço pelo tempo, como sugere Harvey (1993). De fato, o espaço-tempo se contrai com o aumento da velocidade. Mas qual é a importância disso para o espaço social, para o espaço de vivência das pessoas? Seria possível aplicar isso ao espaço dos geógrafos? Milton Santos é cético ao apontar: "Quando Parkes & Thrift (1980, p. 279) diziam que 'com o movimento, o espaço e o tempo se tornam coincidentes como espaço-tempo', isso é, certamente, válido como princípio da Física. É menos certo – ou totalmente incerto – que possamos mecanicamente transcrever esse raciocínio para uma disciplina histórica como a Geografia. Em uma geografia do movimento, espera-se, em primeiro lugar, reconhecer o encontro de um tempo real e de um espaço real. Não é sempre o caso" (Santos, 1996, p. 42).

O próprio Milton Santos fez uma tentativa de juntar essas duas categorias ao propor que isto seja feito por meio das técnicas. "É por intermédio das técnicas que o homem, no trabalho, realiza essa união entre espaço e tempo" (Santos, 1996, p. 44). Mas ele fala de tempo e de espaço como realidades históricas e sociais, não físicas. Na verdade, as técnicas mudam a qualidade do tempo-espaço objetivo, mas principalmente do tempo-espaço subjetivo, percebido. O avanço das técnicas de transporte indiscutivelmente foi o grande responsável pela contração do tempo-espaço percebido.

O espaço absoluto, se é que se pode usar esse termo depois de Einstein, o espaço geométrico, enfim, as distâncias (uma das propriedades do espaço terrestre) continuam as mesmas, mas, como são transpostas mais rapidamente, a percepção das pessoas é de que o espaço encolheu. Isso é evidente e várias medidas foram feitas para sua comprovação. Andrew Leyshon, por exemplo, sustenta que em decorrência dos avanços tecnológicos nos transportes está havendo uma crescente convergência do tempo-espaço, levando os lugares a se aproximarem. "Measured in terms of the amount of time taken to travel between the two cities, Edinburgh and London had 'converged' in time-space at a rate of almost 30 minutes per year over a 200-year period: in 1776 it took four days or 5,760 minutes to travel between the two cities by stage-coach, but by the late 1960s it took only 180 minutes by aeroplane" (Janelle, 1969 *apud* Leyshon, 1995, p. 17-8).

Assim, mesmo o espaço social também é relativo, o que põe por terra a tese de que o mundo está encolhendo. Algumas figuras mostradas aqui sugerem que o mundo inteiro está encolhendo, mas não é bem isso que está acontecendo; o que de fato ocorre é um encolhimento desigual. O conceito de convergência do tempo-espaço (Leyshon, 1995) é interessante para apreender o fato de que se verifica uma aproximação entre alguns lugares mais do que entre outros e, ainda assim, não para todas as pessoas que os habitam. Isso se deve à desigual disponibilidade de objetos técnicos no espaço geográfico e ao desigual acesso a eles de que dispõem as pessoas. Os lugares mais bem equipados tendem a se aproximar de outros igualmente bem equipados, os mal equipados tendem a se distanciar. As pessoas que têm acesso aos objetos técnicos que permitem a aceleração, em comparação com outras que não têm acesso, tendem a ficar mais próximas de lugares distantes do seu, ao mesmo tempo em que podem atingir lugares diversos. Os mapas da Figura 12 evidenciam como a contração do tempo-espaço no espaço geográfico planetário é desigual e como isso tem sido mascarado pela imagem popular do mundo encolhendo.

Em comparação com o mapa convencional da bacia do Pacífico, que mostra o espaço geométrico, o mapa do tempo-espaço, que mostra o espaço relativo, evidencia uma aproximação entre Tóquio, São Francisco e Sydney, cidades globais com elevada densidade de objetos técnicos, como modernas infraestruturas de transportes aéreos e telecomunicações e predominância de habitantes com renda elevada. Ao mesmo tempo ocorre um afastamento de Papua Nova Guiné, localizada ao sul da Austrália, e Territórios do Pacífico, localizados ao norte, quase saindo do mapa, devido à baixa densidade de objetos técnicos e à pobreza de grande parte das pessoas.

Voltemos, então, à questão crucial para a geografia: o espaço geográfico está se contraindo? É importante esclarecer que quando falamos de espaço geográfico nos referimos ao espaço social e historicamente construído, ao espaço de vivência, portanto, denso de relações sociais.

Como resultado da crescente convergência do tempo-espaço, do encolhimento das distâncias, o espaço das possibilidades do ser humano, o mundo, segundo Gilberto Gil, o espaço geográfico, enfim, ao invés de se contrair, amplia-se. O espaço geográfico está se expandindo porque está cada vez mais denso de objetos técnicos, oferecendo maiores possibilidades para a ação dos indivíduos mais fartos de recursos e para as organizações. De acordo com Santos (1996, p. 162): "No momento atual, aumenta em cada lugar o número e a frequência dos eventos. O espaço se torna mais encorpado, mais denso, mais complexo. Mas essa nova acumulação de presenças, essa opulência de ações não se precipita de forma cega sobre qualquer ponto da Terra. As informações que constituem a base das ações são seletivas, buscando incidir sobre os lugares onde se possam tornar mais eficazes. Essa é uma lei implacável, num mundo sequioso de produtividade e onde o lucro é uma resposta ao exercício da produtividade." Retornamos à questão da produtividade espacial e à desigualdade de acesso à renda e à tecnologia.

Como as possibilidades dos seres humanos são diversas, como a capacidade de agir é diferente, considerando a inserção nas formações socioespaciais, é de se esperar que o espaço geográfico não se expanda igualmente para todos.

Dito isso, fica mais evidente por que algumas megacidades como Dhaka, Karachi, Calcutá, entre outras grandes metrópoles da periferia do mundo, não são cidades globais. Elas têm uma população numerosa, mas são carentes de objetos técnicos e de recursos. Pessoas, sobretudo pobres, não são muito importantes para os atores hegemônicos que comandam a globalização. Grande parte dos habitantes dessas cidades, para não falar de lugares mais carentes ainda, vivem aprisionados no lugar. Para muitos deles não está havendo uma convergência do tempo-espaço, talvez esteja até havendo uma divergência.

No atual período informacional do capitalismo, em tempos de globalização, os indivíduos que têm recursos e acesso à tecnologia dispõem de um espaço maior para vivenciar. Principalmente as grandes corporações industriais e financeiras, que comandam o processo de globalização, têm à disposição um espaço geográfico muito maior para explorarem. Hoje elas podem atuar em muito mais lugares. Seu mercado é o mundo, o planeta.

Uma das razões porque o capitalismo sobreviveu e se expandiu ao longo da história foi exatamente por sua capacidade de produzir e ocupar espaço, como salientam Moraes e Costa (1987, p.138): "Expansão e concentração são, assim, fundamentos do desenvolvimento do capitalismo. A tendência do desenvolvimento das trocas e da circulação em geral é a de incorporar ao circuito econômico, espaços cada vez mais dilatados. Já foi discutido o processo de formação da história universal, com a mundialização da economia e a globalização dos fluxos. A internacionalização constitui o momento mais avançado do processo de valorização do espaço."

Com o avanço das técnicas, o espaço geográfico ampliou-se horizontal e verticalmente. Hoje, com os diversos satélites em órbita da Terra – de comunicação, de observação terrestre e do GPS (*Global Positioning System*) –, uma faixa cada vez maior do espaço sideral foi incorporada ao espaço geográfico, já que está sendo ocupada e valorizada pelo homem. É de se questionar: a Lua e de forma incipiente outros planetas já não fariam parte do espaço geográfico humano? Talvez não por enquanto, porque ainda não teve início o processo de valorização desses astros, mas uma sonda espacial em Marte e as imagens coletadas por ela indicam a presença virtual do homem nesse planeta. Isso nos faz rememorar a famosa frase de Cecil Rhodes, um apologista do imperialismo: "O mundo está quase todo parcelado, e o que dele resta está sendo dividido, conquistado, colonizado. Pense nas estrelas que vemos à noite, esses vastos mundos que jamais poderemos atingir. Eu anexaria os planetas, se pudesse; penso sempre nisso. Entristece-me vê-los tão claramente, e ao mesmo tempo tão distantes" (apud Huberman, 1982, p. 270). Com os recentes e espetaculares avanços tecnológicos, talvez já não estejam tão distantes assim.

A GLOBALIZAÇÃO NÃO É GLOBAL

Como já apontou Chesnais (1996), globalização é um termo ambíguo, vago, cheio de conotações, e assim bastante sujeito à manipulação ideológica. Por ser derivado da palavra globo, implicitamente transmite a ideia de que todo o mundo estaria envolvido na aceleração contemporânea. Trata-se de mais um aspecto ideológico da globalização, porque, como vimos, apenas uma parte da humanidade e dos lugares que compõem o espaço geográfico mundial está inserida de fato nesse processo. Essa constatação dá margem para o questionamento do próprio conceito de globalização, como esclarecem Held e McGrew (2001, p. 14): "Para os céticos, é precisamente esse tipo de ressalva que torna o próprio conceito de globalização profundamente insatisfatório. A pergunta que eles formulam é: o que é o 'global' na globalização? (Hirst, 1997). Se o global não pode ser interpretado literalmente como um fenômeno universal, falta uma especificidade clara ao conceito de globalização. (...) Sem referenciais geográficos claros, como é possível distinguir o internacional ou o transnacional do global, ou, a propósito, os processos de regionalização dos processos de globalização? É precisamente pelo fato de grande parte da literatura sobre a globalização não especificar os referenciais espaciais do global que, segundo a argumentação dos céticos, o conceito torna-se tão amplo que fica impossível operacionalizá-lo em termos empíricos; portanto, ele é basicamente sem sentido como veículo de compreensão do mundo contemporâneo."

Eis uma questão altamente pertinente e que cabe à geografia elucidar. De fato a Terra inteira está envolvida no processo de globalização, mas não o espaço geográfico mundial como um todo, ou melhor, não todos os seus lugares. Estão muito mais mergulhados nesse processo os países que o comandam, os outros países da OCDE, além de uns poucos países recentemente industrializados, os chamados emergentes, e mesmo assim nem todos os lugares que compõem seus espaços nacionais. A maioria dos lugares que compõem o espaço geográfico africano, grande parte do espaço latino-americano e asiático, excetuando a zona do Pacífico, estão fortemente marginalizados do processo. Como vimos, mesmo dentro do território de um país e até mesmo dentro dos nós da rede urbana mundial – as cidades globais – não são todos os lugares e indivíduos que estão conectados. Como frisa Ricupero (1997, p. 4): "Ao tratar dessas incertezas, devemos lembrar que a globalização está longe de ser global. Os investimentos externos e o comércio estão concentrados em poucos países."

É por isso que ao definir mais claramente os referenciais geográficos para apreender a globalização, como sugerem Held e McGrew (2001), devemos entendê-la na perspectiva de uma geografia das redes, como propõe Milton Santos. Aqui o conceito de lugar torna-se muito útil. Os fluxos da globalização atingem o planeta inteiro, mas não todos os seus lugares, compondo uma rede, que, como vimos, é comandada principalmente pelas cidades globais. Uma cartografia da globalização, um mapa da geografia das redes (Santos, 1996) ou do espaço de fluxos (Castells, 1999) seria algo próximo do que está registrado nos mapas da Figura 13, que além de registrarem os fluxos em rede, captam sua crescente aceleração. No entanto, são apenas simulações do que poderia ser uma cartografia da globalização, pois não registram todos os principais pontos de interconexão da rede nem o dinamismo de seus fluxos. Aliás, uma cartografia estática da globalização vai contra a própria essência do processo.

As tabelas das páginas a seguir confirmam a afirmação feita por Ricupero acerca da desigualdade da globalização, mas ainda assim não dão conta do fato de que os fluxos da globalização, como os investimentos produtivos e as mercadorias, instalam-se de forma desigual mesmo dentro dos territórios dos Estados receptores.

Nem seria necessária a utilização de dados estatísticos para comprovar a afirmação do parágrafo acima, basta observar a paisagem. Por exemplo, as modernas fábricas – parte da materialização territorial dos investimentos produtivos –, como atesta a distribuição das plantas automobilísticas instaladas no final dos anos 1990 no Brasil, se implantaram em pouco lugares do território brasileiro: Mercedes-Benz, em Juiz de Fora (MG); Audi-Volkswagen, em São José dos Pinhais (PR); Honda, em Sumaré (SP); Toyota, em Indaiatuba (SP), Renault, em São José dos Pinhais (PR); General Motors, em Gravataí (RS), Ford, em Camaçari (BA).

O FLUXO DE CAPITAIS

Como se constata ao analisar as informações das tabelas a seguir, o investimento externo direto, um dos mais importantes fluxos da globalização, distribuiu-se de forma extremamente desigual no espaço geográfico planetário, ao longo dos anos 1990. Concentrou-se fortemente nos principais países desenvolvidos e em uns poucos emergentes. Somente os nove países da União Europeia que aparecem na lista, dos quinze que compõem esse bloco econômico, receberam 39,2% dos investimentos feitos no mundo no ano de 2001 (no ano anterior tinham recebido 48,7%). Os Estados Unidos ficaram com 16,9% (no ano anterior, 20,2%), os três emergentes da lista – China, México e Brasil– com 15,9% (10% do total, em 2000). Portanto, restaram apenas 28% dos investimentos produtivos para ser dividido entre todos os países do mundo que não apareceram nessa lista no ano de 2001. É importante lembrar que embora as informações continuem aparecendo separadas, Hong Kong pertence à China desde 1997, assim somando-se seus influxos de investimentos produtivos, o país mais populoso da Terra passa para o segundo lugar entre os principais receptores de investimentos, com 69,6 bilhões de dólares em 2001.

Além do fluxo de investimentos produtivos já ser fortemente concentrado, na segunda metade da década de 1990 acentuou-se a concentração em benefício dos países desenvolvidos, com destaque para a União Europeia e os Estados Unidos. A concentração do investimento externo direto nos países desenvolvidos passou de 64,4% no período 1990-95, para 82,2% em 2000, perfazendo um aumento de 27,6%. Ao mesmo tempo, as inversões nos países em desenvolvimento reduziram-se de 33% para 15,9%, significando uma queda de 51,8%. Os grandes beneficiados no período foram os Estados Unidos, que de 18,1 % saltaram para 31,8% do total mundial de investimentos produtivos recebidos, pico atingido em 1999, significando um espantoso aumento de mais de 75%, o que coincidiu com um período de elevado crescimento de sua economia. Esses números, entre outras evidências, comprovam que foram os Estados Unidos os maiores beneficiários da globalização nos anos 1990. No entanto, com a crise das indústrias da nova economia, provocando quedas nas bolsas, sobretudo na Nasdaq, onde se concentravam tais indústrias, com os escândalos nos balanços de grandes corporações com a Enron, a WorldCom e a Xerox, somados ao 11 de setembro, a economia norte-americana perdeu dinamismo na virada do século e consequentemente passou a receber menos investimentos produtivos.

Os maiores receptores de investimentos produtivos do mundo em 2001[1] (bilhões de dólares)

Países	1990-95[2]	1996	1997	1998	1999	2000	2001
EUA	40,8	84,4	103,3	174,4	283,3	300,9	124,4
Reino Unido	17,4	24,4	33,2	74,3	87,9	116,5	53,7
França	16,2	21,9	23,1	30,9	47,0	42,9	52,6
Bélg./Luxemb.	9,7	14,0	11,9	22,6	133,0	245,5	50,9
Holanda	8,0	16,6	11,1	36,9	41,2	52,4	50,4
China	19,3	40,1	44,2	43,7	40,3	40,7	46,8
Alemanha	4,1	6,5	12,2	24,5	54,7	195,1	31,8
Canadá	6,2	9,6	11,5	22,8	24,4	66,6	27,4
México	8,0	9,9	14,0	11,9	12,5	14,7	24,7
Hong Kong	4,8	10,4	11,3	14,7	24,5	61,9	22,8
Brasil	2,0	10,7	18,9	28,8	28,5	32,7	22,4
Espanha	10,7	6,5	7,6	11,7	15,7	37,5	21,7
Itália	3,7	3,5	3,7	2,6	6,9	13,3	14,8
Suécia	5,4	5,0	10,9	19,5	60,8	23,7	12,7
Mundo	**225,3**	**386,1**	**478,0**	**694,4**	**1088,1**	**1491,9**	**735,1**

1. Foram listados os países que receberam mais de 10 bilhões de dólares.
2. Média anual. Fonte: *World Investment Report 2002. Transnational Corporations and Export Competitiveness.* UNCTAD. New York and Geneva: United Nations. 2002.

Distribuição regional da recepção dos investimentos produtivos (porcentagem)

Região/país	1990-95*	1996	1997	1998	1999	2000	2001
Países desenvolvidos	**64,4**	**58,8**	**58,9**	**71,5**	**73,5**	**82,2**	**68,4**
Europa Ocidental	38,8	32,1	29,1	36,9	36,4	55,8	45,7
União-Europeia	37,3	30,4	27,2	35,7	35,2	54,2	43,9
Outros países Europa Ocid.	1,4	1,8	1,9	1,2	1,2	1,6	1,8
Estados Unidos	18,1	21,3	23,5	30,0	31,8	20,2	16,9
Japão	0,5	0,1	0,7	0,5	1,5	0,6	0,8
Outros países desenvolvidos	4,2	5,3	5,6	4,1	2,4	1,3	1,2
Países em desenvolvimento	**33,0**	**37,7**	**37,2**	**25,8**	**24,0**	**15,9**	**27,9**
África	1,9	1,6	1,6	1,2	1,0	0,6	2,3
América Latina/Caribe	9,9	12,9	14,7	11,1	10,5	6,4	11,6
Brasil	0,9	2,8	4,0	4,2	3,6	2,2	3,0
Ásia	21,0	22,9	20,6	13,2	12,2	9,0	13,9
Ásia Central e Ocidental	1,2	0,8	1,7	1,2	1,1	0,2	1,0
Sul, Leste e Sudeste da Ásia	19,8	22,1	18,9	12,0	11,1	8,8	12,8
Europa Central e Oriental	2,7	3,5	4,0	2,7	2,5	1,8	3,7
Mundo	**100**	**100**	**100**	**100**	**100**	**100**	**100**

*Média anual.
Fonte: *World Investment Report 2002. Transnational Corporations and Export Competitiveness.* UNCTAD. New York and Geneva: United Nations, 2002.

O principal beneficiado nesse novo cenário inicialmente foi a União Europeia, que viu sua participação pular de 36,4%, em 1999, para 55,8% em 2000. Entretanto, a crise atingiu também a Europa e, depois de muitos anos, os países desenvolvidos perderam participação no fluxo de capitais produtivos, reduzindo-a de 82,2%, em 2000, para 68,4%, em 2001. Os países em desenvolvimento viram sua participação subir de 15,9%, em 2000, para 27,9%, em 2001. Os principais beneficiários desse rearranjo na distribuição mundial dos investimentos foram os países do Leste e Sudeste Asiático, já recuperados da crise de 1997, com destaque para a China, que vem se mantendo há mais de duas décadas como a economia que mais cresce no mundo. Outra região beneficiada foi a América Latina, com grande ganho para o México devido à recepção de investimentos que buscam aproveitar os baixos custos de produção para vender no mercado norte-americano, beneficiando-se das facilidades de comércio acordadas no âmbito do Nafta.

Se considerarmos que o fluxo de investimento externo direto caiu pela metade de 2000 para 2001 e que quase todos os países viram a entrada de capitais em sua economia reduzir-se drasticamente, podemos ter uma dimensão melhor do desempenho do México e da China que, juntamente à Itália, foram uns dos poucos países que tiveram aumento na entrada de investimentos produtivos. A queda drástica do fluxo de capitais produtivos pelo mundo na virada do século é mais um indicador da perda de dinamismo do capitalismo em sua atual etapa de expansão, é mais um indicador do esgotamento do processo de globalização.

Os números também mostram que a África, assim como extensas porções da Ásia, como é o caso de suas regiões central e ocidental, estão fortemente à margem desse importante fluxo da globalização. Mesmo a América Latina de forma geral encontra-se bastante marginalizada se considerarmos que, dos capitais que foram investidos na região no ano de 2001, 55% concentrou-se em apenas dois países: México e Brasil.

Aqui deve ser lembrado que o Brasil teve um grande salto no ranking dos principais receptores de investimentos: de 22º colocado no período 1990-95, subiu para 6º em 1998, sua melhor colocação, e depois caiu para o 11º lugar em 2001. Essa ascensão se explica pela política econômica que logrou a estabilização da inflação e a retomada, embora oscilante, do crescimento do PIB, pela política de privatizações e pela desnacionalização de uma parcela do parque produtivo brasileiro, já que parte desse dinheiro não foi para novos projetos, mas para compra de empresas nacionais, como a Metal Leve, a Cofap, entre tantas outras. Apesar da concentração de renda, o mercado brasileiro é bastante atraente para grupos estrangeiros; basta a economia manter-se relativamente estável e em crescimento que entram investimentos estrangeiros no país. Já a queda se explica pela crise que se abateu na economia brasileira após a desvalorização do real em janeiro de 1999 e pelo esgotamento do processo de privatização e de desnacionalização das empresas, tanto que de 2000 para 2001 houve uma redução de cerca de 30% no fluxo de investimento externo direto no país.

O fluxo de capitais especulativos também é bastante desigual, no entanto, não há números confiáveis sobre a distribuição desse fluxo da globalização, até porque qualquer dado seria superado instantaneamente devido a sua enorme volatilidade. Apesar disso, há uma série de indícios que mostram o quanto esse capital também é concentrado no espaço geográfico mundial. Um dos mais significativos é a distribuição mundial dos maiores bancos e firmas industriais e das principais bolsas de valores, alguns dos objetos técnicos mais importantes para gerar e sediar fluxos de capitais especulativos investidos em ações, mercadorias, moedas, derivativos etc. Observe a tabela a seguir e o mapa da Figura 14.

Observando as informações do mapa e da tabela podemos inferir que há uma repetição do mesmo padrão geográfico verificado para os outros fluxos. Os bancos, as firmas industriais e as bolsas mais importantes do mundo se concentram predominantemente nos países desenvolvidos e em alguns poucos emergentes, quase sempre os mesmos países que aparecem nas listas dos maiores receptores de investimentos produtivos e dos principais comerciantes.

O mercado acionário, especialmente, é muito concentrado em poucos países. Apenas as duas principais bolsas norte-americanas com sede em Nova York – NYSE e Nasdaq – correspondem a exatamente metade do valor de mercado de todas as bolsas de valores do mundo. Se considerarmos apenas as dez maiores, sediadas nos países do G-7 e em alguns países europeus (a Euronext é composta pelas bolsas de Paris, capital de um país do G-7, mais as bolsas de Bruxelas, Amsterdã e Lisboa), mais a bolsa de Hong Kong, elas correspondem a 87% do valor de mercado de todas as bolsas de valores do planeta.

Como se percebe pelas informações da tabela da página 153, o mesmo fenômeno se repete quando consideramos o fluxo mundial de mercadorias, outro importante fluxo da globalização econômica. Cerca de metade das exportações mundiais – 49,7% para ser mais preciso – concentrou-se em apenas oito países, os membros do G-7 e a China, os maiores exportadores no ano de 2001. Se considerarmos os dezessete países que têm exportações superiores a 100 bilhões de dólares, eles totalizam cerca de 72% das exportações mundiais. Novamente a lista é composta majoritariamente por países desenvolvidos, em linhas gerais os mesmos da lista dos maiores receptores de investimentos, e por algumas economias emergentes, tendo a China de novo como destaque. Se somarmos suas exportações com as de Hong Kong (20 bilhões de dólares, considerando apenas a produção local em 2001, já que a maioria das exportações é de produtos reexportados fabricados na própria China continental), o país salta para a quinta posição entre os maiores exportadores, com 286 bilhões de dólares no ano de 2001, superando o Reino Unido.

Principais bolsas de valores do mundo

	Valor de Mercado em 30/1/03 (US$ bi)	Participação em relação ao total	Variação no mês	Variação acumulada no ano	Variação acumulada em 12 meses
NYSE(EUA)	8.779,49	41,0%	-2,6%	-2,6%	-19,5%
Japão (Tóquio)	2.016,28	9,4%	-2,6%	-2,6%	-8,5%
Nasdaq (EUA)	1.932,03	9,0%	-3,1%	-3,1%	-21,6%
Inglaterra (Londres)	1.666,05	7,8%	-6,7%	-6,7%	-18,8%
Euronext (Bruxelas, Amsterdã, Paris, Lisboa)	1.508,13	7,0%	-2,0%	-2,0%	-16,1%
Alemanha (Frankfurt)	677,93	3,2%	-1,2%	-1,2%	-34,5%
Canadá (Toronto)	592,58	2,8%	3,3%	3,3%	-4,6%
Suíça (Zurique)	522,31	2,4%	-14,7%	-14,7%	-4,3%
Itália (Milão)	471,49	2,2%	-1,2%	-1,2%	-7,2%
Hong Kong (Hong Kong)	464,37	2,2%	0,3%	0,3%	-3,2%
Espanha (Madri)	462,84	2,2%	0,3%	0,3%	-4,3%
Austrália (Sidney)	389,35	1,8%	2,4%	2,4%	1,8%
Taiwan (Taipe)	295,31	1,4%	13,1%	13,1%	-2,0%
Coreia (Seul)	208,09	1,0%	-3,6%	-3,6%	-9,9%
Suécia (Estocolmo)	180,77	0,8%	0,9%	0,9%	29,1%
África do Sul (Johanesburgo)	173,33	0,8%	-4,8%	-4,8%	6,9%
Finlândia (Helsinque)	129,00	0,6%	-7,1%	-7,1%	-24,8%
Malásia (Kuala Lumpur)	127,09	0,6%	1,0%	1,0%	3,7%
Brasil (São Paulo)	120,47	0,6%	-5,0%	-5,0%	-38,1%
Cingapura (Cingapura)	98,68	0,5%	-1,1%	-1,1%	-20,0%
México (Cidade do México)	91,48	0,4%	-12,0%	-12,0%	-29,2%
Dinamarca (Copenhague)	74,96	0,3%	-2,3%	-2,3%	-12,4%
Grécia (Atenas)	65,79	0,3%	-1,9%	-1,9%	-13,5%
Noruega (Oslo)	65,67	0,3%	2,3%	2,3%	-5,1%
Irlanda (Dublin)	62,02	0,3%	3,5%	3,5%	-3,3%
Tailândia (Bangoc)	47,60	0,2%	4,6%	4,6%	6,6%
Chile (Santiago)	46,32	0,2%	-3,6%	-3,6%	-14,6%
Israel (Tel-Aviv)	40,67	0,2%	-3,5%	-3,5%	-19,8%
Turquia (Istambul)	36,61	0,2%	7,0%	7,0%	-8,1%
Indonésia (Jacarta)	26,90	0,1%	-10,5%	-10,5%	-3,8%
Polônia (Varsóvia)	26,32	0,1%	-7,3%	-7,3%	-2,9%
Filipinas (Manila)	18,92	0,1%	2,2%	2,2%	-24,1%
Argentina (Buenos Aires)	18,47	0,1%	11,4%	11,4%	-22,1%

Fonte: Pesquisa mensal de bolsas de valores Janeiro/03. *Global Invest.*
Disponível em: <globalinvest.com.br/relatorio/bolsas01-03.pdf>
Acesso em: 25 mar. 2003.

O Brasil aparece apenas em 26º lugar entre os principais exportadores, evidenciando sua baixa competitividade e o alto grau de introspecção de sua economia, donde se conclui que a entrada de investimentos produtivos no país esteve voltada fundamentalmente para a produção de bens e serviços para o mercado interno. Os sinais de esgotamento do processo de globalização, na esteira dos acontecimentos econômicos e políticos da virada do século xx para o xxi, também se manifestam no fluxo mundial de mercadorias. Segundo relatórios do Banco Mundial e da Organização Mundial do Comércio, citados acima, as exportações mundiais caíram de 6,3 trilhões de dólares no ano de 2000 para 6,1 trilhões de dólares no ano de 2001. Quem mais contribuiu para a queda no comércio mundial foram os Estados Unidos, mais uma evidência da perda de dinamismo de sua economia. De 2000 para 2001 houve uma redução de 6,6% nas exportações e 6,2% nas importações do país. Considerando que o comércio mundial teve uma queda de 1,5%, percebe-se a gravidade da situação norte-americana e o peso que o desempenho de sua economia teve no tombo do fluxo mundial de mercadorias.

O FLUXO DE INFORMAÇÕES

A globalização é um fenômeno desigual não somente do ponto de vista geográfico, mas também quanto à velocidade dos fluxos que a compõem. O setor mais globalizado, por assim dizer, é o das comunicações, aí incluindo o fluxo de informações – o fluxo financeiro, como vimos no capítulo "A dimensão socioeconômica", deve ser incluído como uma informação privilegiada que circula pelo sistema de telecomunicações, pelas redes de computadores que integram o sistema financeiro mundial. O fluxo financeiro não somente é o que circula mais rápido, mas também o que mais cresce.

Em seguida vem o fluxo de investimentos produtivos que, com os avanços tecnológicos nos transportes e nas comunicações,

O fluxo de mercadorias

Posição / pais	Os quinze principais países comerciantes do mundo em 2001[1] (bilhões de dólares)								
	Exportações					Importações			
	1980	1990	2000	2001	% em 2001	1980	1990	2000	2001	% em 2001
1.EUA	213	393	782	730	11,9	250	516	1258	1180	18,3
2.Alemanha	192	421	551	570	9,3	186	355	500	492	7,7
3.Japão	130	287	479	403	6,6	140	235	379	349	5,4
4.França	111	216	298	321	5,2	134	234	305	325	5,1
5.R.U.	114	185	280	273	4,4	118	222	331	331	5,2
6.China	18	62	249	266	4,3	19	53	225	243	3,8
7.Canadá	63	127	277	259	4,2	58	123	249	227	3,5
8.Itália	78	170	234	241	3,9	98	181	233	232	3,6
9.Holanda	74	131	211	229	3,7	77	126	196	207	3,2
10.H. Kong[2]	20	82	202	191	3,1	22	84	214	202	3,1
11.Bélgica	-	117	184	179	1,8	-	119	171	168	2,6
12.México	15	40	166	158	1,6	20	43	182	176	2,7
13.Coreia	17	65	172	150	1,5	22	69	160	141	2,2
14.Taiwan	20	67	148	122	1,3	20	54	140	107	1,7
15. Cingapura[2]	19	52	137	121	1,2	24	60	134	116	1,8
16.Espanha	21	55	113	109	1,8	34	87	153	142	2,2
17.Fed. Russa	-	-	105	103	1,7	-	-	44	53	0,8
26.Brasil	20	31	55	58	0,9	25	22	58	58	0,9

1. Foram listados, excetuando o Brasil, os países que exportaram mais de 100 bilhões de dólares/ano em 2001 ; os valores das exportações/importações foram arredondados. 2. Os valores são elevados porque, além da produção doméstica, incluem reexportações, que em 2001, foram de 171 bilhões de dólares em Hong Kong e de 55 bilhões de dólares em Cingapura.
Fontes: World development report 1998/99. World Bank. Disponível em: <www.worldbank.org>. Acesso em: 14 abr. 1999 [dados de 1980]; *World development report 2000/2001. Attacking Poverty.* New York: World Bank/Oxford University Press, 2001 [dados de 1990]; *World development report 2002. Building Institutions for Markets.* New York: World Bank/ Oxford Universily Press, 2002 [dados de 2000]; International Trade Statistics 2002. World Trade Organization. Disponível em: <www.wto.org >. Acesso em: 24 fev. 2003 [dados de 2001].

ganhou muito em mobilidade para rastrear os mercados mais interessantes no mundo. O fluxo de mercadorias, apesar de ter crescido significativamente, depara com um problema incontornável por se tratar de transporte de coisas, de matéria: é por si só mais lento do que os impulsos elétricos, as ondas eletromagnéticas, que caracterizam o fluxo de informações e de dinheiro eletrônico.

Mas, apesar do enorme crescimento, o fluxo mundial de informações é extremamente desigual do ponto de vista geográfico. Novamente se repete o mesmo padrão de distribuição visto até agora para outros fluxos. Se considerarmos a Internet, um dos mais importantes meios de difusão da informação e um dos que mais têm se expandido nos últimos anos, verificamos que mais da metade de seus usuários encontra-se em apenas um país – os Estados Unidos –, ao passo que o nível de conexão é baixíssimo nos países da África subsaariana, do sul da Ásia e do Oriente Médio, como constatamos ao analisar a tabela na página a seguir, bem como o gráfico da Figura 15. Segundo a ONU: "Em meados de 1998, os países industrializados – onde vivem menos de 15% da população – tinham 88% de utilizadores de Internet. Só a América do Norte – com menos de 5% de toda a população – tem mais de 50% dos utilizadores. Em contrapartida, a Ásia do Sul tem mais de 20% da população mundial mas tem menos de 1% dos utilizadores de Internet no mundo. A Tailândia tem mais telefones celulares que toda a África. Existem mais hospedeiros de Internet na Bulgária que na África Subsaariana (excluindo a África do Sul). Os Estados Unidos têm mais computadores per capita que qualquer outro país. 99% dos gastos mundiais em tecnologia de informação são da responsabilidade de apenas 55 países" (*Relatório do Desenvolvimento Humano*, 1999, p. 62).

A tabela nos mostra como é desigual, nos diversos países, o acesso ao telefone, objeto técnico que, juntamente com o computador pessoal, é essencial para a conexão à internet e para o acesso às informações disponíveis na rede. Enquanto nos Estados Unidos 700 pessoas em cada 1000 têm uma linha telefônica e 295 de cada 1000 têm acesso à internet, há vários países na África subsaariana nos quais a relação de linhas telefônicas por 1000 habitantes é inferior a 5 e a relação de usuários da internet, excetuando-se órgãos governamentais e empresas, tende a zero entre a população.

| Meios de comunicação em países selecionados ||||
País	Usuários da internet (por mil pessoas)		Telefone fixo (por mil pessoas)	
	1990	2000	1990	2000
EUA	23,0	295,2	545	700
Islândia	31,0	143,0	510	701
Finlândia	41,7	102,3	534	550
Holanda	11,1	101,9	464	618
Japão	2,1	36,5	441	586
Alemanha	5,8	24,8	441	611
França	2,6	19,1	495	579
Coreia do Sul	0,6	8,5	310	464
Argentina	0,2	7,4	93	213
México	0,1	5,7	65	125
Brasil	0,1	5,2	65	182
África do Sul	1,2	4,4	93	114
Rússia	0,1	2,2	140	218
Arábia Saudita	0,0	0,2	77	137
Paraguai	0,0	0,2	27	50
China	0,0	0,1	6	112
Sudão	0,0	0,0	2	12
Burundi	0,0	0,0	2	3

Fonte: Human Development Report 2002. Deepening democracy in a fragmented world. New York: UNDP/Oxford University Press, 2002.

Os números mostram também que o nível de conexão da população brasileira ainda é baixo, mesmo quando comparado com países de idêntico grau de desenvolvimento – embora tenha havido um avanço quanto ao acesso aos objetos técnicos necessários para a conexão à internet, sobretudo linhas telefônicas, como resultado do processo de privatização e da entrada de empresas estrangeiras interessadas em ampliar o mercado.

Os números permitem ainda inferir que em alguns países o nível de conexão à internet é muito baixo não tanto pela reduzida densidade de objetos técnicos, mas pelas restrições impostas por seus governos, como é o caso da Arábia Saudita e da China.

Essa desigualdade de acesso à rede mundial de computadores está criando uma nova modalidade de marginalizados: os excluídos digitais. No entanto, deve ser lembrado que na maioria dos lugares à margem do fluxo de informações, não resolveria muito instalar sistemas telefônicos digitais e computadores de última geração, porque grande parte de seus habitantes enfrenta uma tradicional modalidade de exclusão, não se beneficiou de avanços mais simples e que são pré-requisitos para a entrada na era informacional: são analfabetos.

O FLUXO DE PESSOAS

Finalmente, o fluxo que encontra mais barreiras para sua circulação no espaço geográfico mundial é o de trabalhadores, especialmente para os que apresentam baixa qualificação. Embora seja relativamente fácil e barato tomar um avião e ir para outros lugares do mundo, a negócios ou a turismo, o mesmo não é verdadeiro para aqueles que querem ir para outros países para viver e trabalhar. Cada vez maiores barreiras (jurídicas e físicas) são erguidas nos países desenvolvidos para impedir a entrada de trabalhadores oriundos dos países subdesenvolvidos, que lá chegam como imigrantes em busca de emprego.

Como já dissemos, o fator trabalho tem muito menos mobilidade que o fator capital. Alguns autores céticos, como Batista Jr, (1997) ou Hirst e Thompson (1998), não perdem a oportunidade de nos lembrar que no final do século XIX e começo do XX havia maior mobilidade para os trabalhadores do que na atualidade. Poderiam inclusive mencionar, para reforçar esse argumento, que após a queda do muro de Berlim, que simbolizava a oposição capitalismo versus socialismo, novos muros têm sido erguidos para tentar impedir a entrada de imigrantes pobres, como o que existe (e está sendo ampliado) no limite territorial entre os Estados Unidos e o México, para dificultar a entrada de trabalhadores desse país no mercado norte-americano. A cerca de aço que delimita a fronteira mexicano-americana é o símbolo da desigualdade crescente, da oposição entre ricos e pobres do capitalismo globalizado e, ao mesmo tempo, da hegemonia do setor econômico-financeiro sobre o social.

Claro que para a mão de obra qualificada as restrições são menores e, muitas vezes, inexistem, como evidencia o *Relatório do Desenvolvimento Humano*: "*O trabalho altamente qualificado* viaja também na aldeia global. Com o acesso à Internet em quase todos os países, os mais instruídos estão cada vez mais em linha e em contacto em todo o mundo. Em 1998, mais de 250 mil trabalhadores africanos especializados estavam a trabalhar nos Estados Unidos e na Europa. Os imigrantes com qualificações em tecnologias informáticas estão sob procura elevada – somente na União Europeia, 500 mil postos de trabalho especializados em tecnologia da informação estão por preencher devido à falta de qualificações nacionais. Os Estados Unidos oferecem um visto especial aos imigrantes especializados, para manter as indústrias de alta tecnologia dotadas de pessoal" (1999, p. 31).

Estima-se que cerca de metade dos diplomados na área de informática em universidades indianas vão trabalhar nos países desenvolvidos, sobretudo nos Estados Unidos e no Reino Unido. Essa fuga de cérebros é prejudicial para muitos países em desenvolvimento. Após investirem recursos escassos na formação de profissionais importantes para seu desenvolvimento econômico, esses países perdem essa mão de obra qualificada para os países desenvolvidos, que se beneficiam do talento desses trabalhadores sem nada terem investido em sua formação, o que caracteriza uma transferência invertida de tecnologia. Embora, temos que considerar, muitos voltam ao país de origem trazendo na bagagem a experiência acumulada durante a estada nos centros de pesquisas públicos e privados dos países desenvolvidos. No entanto, se não houver uma política tecnológica que vise o aproveitamento desses talentos no país de origem, o retorno torna-se muito difícil e, mesmo ocorrendo, inócuo.

Um país que tem aproveitado muito essa troca de trabalhadores qualificados com os países desenvolvidos é a Índia, que se tornou um dos grandes produtores e exportadores de programas e sistemas de computadores do mundo. Atualmente muitas empresas multinacionais da área de informática já estão se instalando no país para aproveitar a mão de obra altamente qualificada, entretanto, muito barata. Isso tem ocorrido não apenas na Índia, mas em vários outros países emergentes.

"Em torno de 2008, na Índia, trabalhos no setor de TI e exportações de outros serviços gerarão uma receita de US$ 57 bilhões, empregando 4 milhões de pessoas e respondendo por 7% do Produto Interno Bruto (PIB), prevê um estudo da McKinsey e da Nasscom, associação indiana de firmas de software.

O que torna essa tendência tão viável é o crescimento explosivo do número de graduados em faculdades em países de baixos salários. Nas Filipinas, um país com 75 milhões de habitantes que despeja no mercado 380 mil formados em cursos superiores por ano, há um excesso de oferta de contadores especializados em padrões contábeis americanos. A Índia já tem o espantoso contingente de 520 mil engenheiros na área de TI, com salários iniciais em torno de US$ 5 mil. As faculdades americanas produzem só 35 mil engenheiros mecânicos por ano; a China forma o dobro. 'Há uma massa enorme de pessoas com boa formação na China', diz Johan A. van Splunter, executivo-chefe da Philips na Ásia" (Engardio et al., 2003).

Aliás, depois da primeira onda da globalização, assentada na produção e que embora venha desde o pós-Segunda Guerra se acentuou a partir dos anos 1970, a atual onda consiste em mundializar também os serviços, como é o caso da informática, pesquisa e desenvolvimento, serviços jurídicos etc., que exigem mão de obra muito mais qualificada. Com o tempo esse rearranjo espacial deve reduzir o êxodo de trabalhadores qualificados de muitos países em desenvolvimento, pelo menos daqueles que, como a Índia ou a China, conseguirem criar as condições para sua fixação.

"É a próxima onda da globalização – e é uma das maiores tendências que está reformulando a economia mundial. A primeira onda começou duas décadas atrás, com o êxodo de postos de trabalho na indústria, com a fabricação de calçados, produtos eletrônicos baratos e brinquedos para países em desenvolvimento. Depois, tarefas relativamente simples no setor de serviços, como processamento de recibos de cartões de crédito e desenvolvimento de programas de computador, iniciaram sua fuga de países com custo elevado. Hoje, todo tipo de trabalho na esfera do conhecimento pode ser executado em quase qualquer lugar. 'Acontecerá uma explosão de trabalho migrando para o exterior', diz John C. McCarthy, analista da Forrester Research. Ele chega a prever que pelo menos 3,3 milhões de postos de trabalho de colarinho branco e US$ 136 bilhões em salários migrarão dos EUA para países de baixo custo até 2015" (Engardio et al., 2003).

Um engenheiro indiano da área de informática trabalhando em Bengalore ganha cerca de 1/5 de seu congênere norte-americano que trabalha no Vale do Silício. Isso explica o boom desse setor na Índia e, pelo menos em parte, o crescente desemprego na área de tecnologia da informação nos EUA.

Esse novo cenário capitalista torna mais difícil a superação do subdesenvolvimento e mantêm muitos países marginalizados da era informacional e da globalização econômica. Não são todos que vão se beneficiar da atual onda da globalização, como a maioria não se beneficiou da mundialização da produção. Pois para isso é necessário dispor de mão de obra altamente qualificada, uma política tecnológica e modernas infraestruturas de telecomunicações, entre outros objetos técnicos. A maioria dos países da periferia não tem isso para oferecer.

A DIVISÃO INTERNACIONAL DO TRABALHO NA GLOBALIZAÇÃO

Como as tabelas das páginas anteriores evidenciam, a globalização atinge de forma bastante desigual o espaço geográfico mundial e nada nos faz crer que, no marco do capitalismo, isso possa se dar de forma diferente. A busca de maximização do retorno dos investimentos sempre levou os agentes econômicos a aplicarem seus capitais nos lugares mais bem equipados de objetos técnicos e que lhes oferecem maiores possibilidades de lucros. A interferência dos Estados para aumentar a produtividade espacial dos vários lugares de seu território, além de limitada pela incapacidade de investimentos dos Estados dos países mais pobres, não resolveria o problema, já que sempre haveria vantagens competitivas desiguais a serem exploradas pelos investidores.

Assim, nos parece que, apesar do nome, a globalização deve continuar longe de ser global e seus fluxos devem continuar a atingir mais intensamente apenas os lugares mais interessantes em termos de mercado, de rentabilidade. Mesmo agora, quando o processo dá sinais de esgotamento, a redução dos fluxos é desigual. Noutras palavras, continuará a existir uma divisão internacional do trabalho. Dando razão aos céticos, poderíamos dizer que não há nenhuma novidade nisso. Só que o recorte espacial da atual divisão internacional do trabalho não é mais o território dos países, como acontecia desde o início da mundialização capitalista. Em tempos de globalização e de economia informacional, acompanhando a geografia das redes, a divisão internacional do trabalho não mais leva em conta as fronteiras dos países. Manuel Castells denomina esse novo arranjo do capitalismo globalizado de "a mais nova divisão internacional do trabalho".

"O que chamo de a mais nova divisão internacional do trabalho está disposta em quatro posições diferentes na economia informacional/global: produtores de alto valor com base no trabalho informacional; produtores de grande volume baseado no trabalho de mais baixo custo; produtores de matérias-primas que se baseiam em recursos naturais; e os produtores redundantes, reduzidos ao trabalho desvalorizado. A localização vantajosa desses diferentes tipos de trabalho também determina a prosperidade dos mercados, uma vez que a geração de renda dependerá da capacidade de criar valor incorporado em cada segmento da economia global. A questão crucial é que essas posições diferentes não coincidem com países. *São organizadas em redes e fluxos, utilizando a infraestrutura tecnológica da economia informacional*" (Castells, 1999, p. 160).

Num mesmo país pode haver lugares conectados às redes mundiais de produção e outros marginalizados; lugares que produzem bens de alto valor agregado, baseados em indústrias de alta tecnologia, e outros que produzem bens desvalorizados com base em indústrias tradicionais; lugares de *agrobusiness* e outros de agricultura de subsistência. Essa multiplicidade de posições da mais nova divisão internacional do trabalho é particularmente visível nos países em desenvolvimento, por serem social e economicamente mais heterogêneos, mas ocorre também nos países desenvolvidos.

Esse novo cenário do capitalismo globalizado aumenta a responsabilidade do Estado, sobretudo na esfera local, tanto no sentido de equalizar as possibilidades dos vários lugares de seu território para atraírem investimentos, como acerca das oportunidades oferecidas aos seus cidadãos, o que, como vimos, é tarefa muito difícil. Além disso, os investidores sabem que seus capitais são fortemente disputados pelos vários países e mesmo pelos diversos lugares de um mesmo país e evidentemente jogam com isso para obterem vantagens econômicas, como atestou a recente guerra fiscal no Brasil, evidenciada pelo episódio envolvendo a multinacional Ford. Esta, que, durante o governo Fernando Henrique Cardoso, desistiu de se instalar no Rio Grande do Sul atraída por subsídios mais interessantes oferecidos pela Bahia.

Essa mais nova divisão internacional do trabalho indiscutivelmente tem aumentado o poder de barganha das empresas multinacionais frente aos Estados e também sua mobilidade geográfica, mas daí decorrem alguns exageros sobre a ação das grandes corporações capitalistas, a começar por considerá-las transnacionais.

EMPRESAS TRANSNACIONAIS OU MULTINACIONAIS?

Uma percepção bastante difundida sobre a globalização, e também ideológica, no sentido que Thompson (2000) atribui a este termo, é que por se tratar de um processo inerente e intrínseco ao capitalismo, sob o comando das corporações multinacionais, aconteceria desvinculado do controle e dos interesses dos Estados, tal qual um fenômeno que pairasse no ar, desterritorializado. Ora, como vimos, os centros decisórios que comandam a globalização estão localizados em poucos lugares nos territórios de um número restrito de Estados dos países desenvolvidos e, evidentemente, esses têm interesse em defender suas empresas, em aumentar seu poder.

A própria noção de corporação transnacional é falaciosa, se considerarmos que o termo sugere que esse tipo de empresa funcionaria desvinculada de sua base nacional, mesma conotação atribuída à noção de corporação global. Na realidade as empresas continuam sendo multinacionais, tendo uma atuação internacional e mesmo quando apresentam um alto índice de transnacionalidade, para utilizar definição da Unctad (observe tabela a seguir), mantêm no território do Estado onde está sua sede o que de fato interessa na economia informacional: a pesquisa e desenvolvimento, o *design*, o *marketing* e, o mais importante, o poder decisório. "A Nestlé, por exemplo, uma das companhias mais internacionalizadas do mundo, que tem apenas 5% dos seus ativos e empregados na Suíça, limita os direitos de voto de estrangeiros a apenas 3% do total. Em 1991, apenas 2% dos membros dos conselhos de administração das grandes empresas dos EUA eram estrangeiros. Nas companhias japonesas, observou a revista *The Economist*, diretores estrangeiros são tão raros quanto lutadores britânicos de sumô" (Wade, 1996, p. 79 *apud* Batista Jr., 1997, p. 32).

Os números da tabela sobre as corporações mais transnacionalizadas também evidenciam claramente que as empresas mais transnacionalizadas são oriundas predominantemente de países que apresentam reduzido mercado interno; por conseguinte, seu elevado grau de internacionalização é pura questão de sobrevivência.

O espaço geográfico mundial na era informacional está cada vez mais tecnificado, tendo-se, como consequência, ampliado significativamente para os integrados. No entanto, ao mesmo tempo, abriga um número crescente de excluídos, materializando, em suas paisagens e nas relações intra e interlugares, os aspectos positivos e negativos do processo de globalização.

O que é possível fazer para reduzir os aspectos negativos, perversos, desse processo? Esta parece ser a grande questão a ser enfrentada pelas sociedades dos diversos Estados que compõem o sistema mundial, e a geografia pode dar uma contribuição nesse sentido. Vejamos isso como conclusão.

As 10 maiores corporações transnacionais – 2000							
Posição[1]	Corporação (país)	Patrimônio (US$ bi) exterior	Patrimônio (US$ bi) total	Vendas (US$) exterior	Vendas (US$) total	Empregados (mil) exterior	Empregados (mil) total	Índice de transnac.[2] (%)
1/15	Vodafone (RU)	221,2	222,3	7,4	11,7	24,0	29,5	81,4
2/73	General Electric (EUA)	159,2	437,0	49,5	129,8	145,0	313,0	40,3
3/30	ExxonMobil (EUA)	101,7	149,0	143,0	206,1	64,0	97,9	67,7
4/42	Vivendi Universal (FRA)	93,3	141,9	19,4	39,4	210,1	327,4	59,7
5/84	General Motors (EUA)	75,1	303,1	48,2	184,6	165,3	386,0	31,2
6/46	Royal Dutch/ Shell (RU/H)	74,8	122,5	81,1	149,1	54,3	95,4	57,5
7/24	BP (RU)	57,4	75,2	105,6	148,1	88,3	107,2	76,7
8/80	Toyota Motors (Japão)	56,0	154,1	62,2	125,6	-	210,7	35,1
9/55	Telefônica (Espanha)	56,0	87,1	12,9	26,3	71,3	148,7	53,8
10/47	Fiat (Itália)	52,8	95,8	35,9	53,6	112,2	224,0	57,4

As 10 maiores corporações transnacionalizadas – 2000							
Posição[3]	Corporação (país)	Patrimônio (US$ bi) exterior	Patrimônio (US$ bi) total	Vendas (US$) exterior	Vendas (US$) total	Empregados (mil) exterior	Empregados (mil) total	Índice de transnac.[2] (%)
1/39	Rio Tinto (RU/Austrália)	19,4	19,5	9,7	9,9	33,4	34,4	98,2
2/49	Thomson (Canadá)	15,5	15,7	6,1	6,5	33,6	36,0	95,3
3/24	ABB (Suíça)	28,6	31,0	22,5	23,0	151,3	160,8	94,9
4/18	Nestlé (Suíça)	35,3	40,0	48,9	49,6	218,1	224,5	94,7
5/31	BAT (RU)	23,9	25,1	16,4	17,6	82,6	86,8	94,4
6/91	Electrolux (Suécia)	8,8	9,5	13,1	13,6	79,0	87,1	93,2
7/86	Interbrew (Bélgica)	9,3	10,4	6,7	7,4	33,0	36,5	90,2
8/26	Anglo American (RU)	26,0	30,6	18,1	20,6	230,0	249,0	88,4
9/52	Astrazeneca (RU)	15,0	18,0	15,0	15,8	47,0	57,0	86,9
10/25	Philips Electronics (Hol.)	27,9	35,9	33,3	34,9	184,2	219,4	85,7

[1] Patrimônio no exterior / índice de transnacionalidade
[2] Índice de transnacionalidade: média de três indicadores: porcentagem do patrimônio no exterior sobre o patrimônio total da empresa; porcentagem das vendas no exterior sobre as vendas totais; e porcentagem do número de empregados no exterior sobre o total de empregados.
[3] Índice de transnacionalidade / patrimônio no exterior

Fonte: The world's top 100 non-financional TNCs. In: World Investment Report 2002. Transnational Corporations and Exports Competitiveness, UNCTAD. New York/Geneva: United Nations, 2002.

A FORMAÇÃO SOCIOESPACIAL FRENTE À GLOBALIZAÇÃO

As relações sociedade-espaço geográfico se materializam não no espaço abstrato, mas no espaço social, ou seja, no lugar (Gottdiener, 1993). É no lugar que as pessoas vivem e interagem verdadeiramente entre si e com a paisagem; é onde ocorrem as relações de cooperação e de conflito, é onde se dão as relações de copresença. Portanto, é no lugar que se pode encontrar a chave para o enfrentamento das forças fragmentadoras dos fluxos hegemônicos do espaço abstrato, como evidencia, entre outros, o movimento *Cittaslow*.

Com a globalização, o local contém o global, mas o global também contém o local, a ponto de alguns autores como Castells (1999) e Robertson (1999) usarem o termo "glocal". Giddens (1991, p. 69), numa tentativa de conceituar a globalização, propõe que esta "(...) pode ser definida como a intensificação das relações sociais em escala mundial, que ligam localidades distantes de tal maneira que acontecimentos locais são modelados por eventos ocorrendo a muitas milhas de distância e vice-versa".

Os atores hegemônicos da globalização buscam padronizar o espaço geográfico mundial para facilitar seus fluxos, para aumentar seus lucros, buscam torná-lo um espaço abstrato e fragmentado para, no limite, ampliar seu poder. Sua atuação é desestabilizadora nos lugares onde se implantam. Como diz Santos (1996, p. 268): "A ordem trazida pelos vetores da hegemonia cria, localmente, desordem, não apenas porque conduz a mudanças funcionais e estruturais, mas sobretudo, porque essa ordem não é portadora de um sentido, já que o seu objetivo – o mercado global – é uma autorreferência, sua finalidade sendo o próprio mercado global. Nesse sentido, a globalização, em seu estágio atual, é uma globalização perversa para a maioria da Humanidade."

Assim, o enfrentamento dos aspectos negativos da globalização, de sua face perversa, só nos parece possível com o resgate do espaço social, do espaço concreto, tanto local como nacional. As operações necessárias para a globalização se instalar, a construção de objetos técnicos, têm necessariamente de se materializar no território e, além disso, elas devem estar sujeitas a normas. O uso do território, seu aparelhamento técnico, deve seguir normas criadas pela formação econômico-social que o ocupa, deve satisfazer aos interesses da sociedade que o habita e controla, deve satisfazer uma ordem local e nacional, e não aos interesses desterritorializados dos atores hegemônicos.

Por isso uma boa base teórica para fazer frente à perversidade da globalização é dada pelo conceito de formação socioespacial. Essa categoria de análise incorpora o espaço geográfico nacional, com seus lugares, com sua diversidade e suas formas e normas próprias, assim como as relações sociais, também com suas normas intrínsecas.

A chave para a resistência à perversidade da globalização tem de ser buscada na compreensão da formação socioespacial nacional e pela valorização das singularidades, das identidades, da diversidade cultural. O fortalecimento da cidadania em todos os aspectos torna-se fundamental, o uso do território em suas várias escalas deve contemplar todos os cidadãos e seus diferentes modos de vida, o social deve ser de fato prioridade dos governantes. É com a participação de todos os setores sociais que será possível tomar as melhores decisões para fazer frente aos processos fragmentadores dos agentes hegemônicos, porque, ao contrário do que pregam alguns ideólogos, profetas do apocalipse, vendedores do inelutável, um projeto nacional que priorize o ser humano em sua complexidade e riqueza é plenamente possível em tempos de globalização.

Mais importante: a globalização não acabou com o Estado – espaço público por excelência – nem com a política, muito menos; aliás, a fortaleceu porque ensejou novas lutas, novas disputas pelo poder; não acabou com a história, nem com o devir histórico; apesar de sua tendência homogeneizadora, não acabou com as diferenças culturais; não acabou com a geografia, nem com as transformações do espaço geográfico, ao contrário, aprofundou-as. A vida com todas suas possibilidades e limitações continua. Portanto, sempre resta a esperança de dias melhores.

REFERÊNCIAS BIBLIOGRÁFICAS

ABNT – *Associação Brasileira de Normas Técnicas. NBR 6023 - Informação e documentação – referência – elaboração.* Rio de Janeiro, ago. 2000.
ADDA, Jacques. *A mundialização da economia: gênese.* Lisboa: Terramar, 1997.
_____. *A mundialização da economia: problemas.* Lisboa: Terramar, 1997.
ALLEN, John; HAMNETT, Chris. Uneven worlds. In: ALLEN, John; HAMNETT, Chris (ed.). *A shrinking world? Global unevenness and inequality.* Oxford: The Open University-Oxford University Press, 1995.
AMIN, Samir. *El capitalismo en la era de la globolización.* Barcelona: Paidós, 1999.
ARRIGHI, Giovanni. *O longo século XX: dinheiro, poder e as origens de nosso tempo.* Rio de Janeiro: Contraponto; São Paulo: Editora Unesp, 1996.
BARNET, Richard; MULLER, Ronald. *Poder global: a força incontrolável das multinacionais.* 2ª ed. Rio de Janeiro: Record, 1974.
BATISTA Jr., Paulo Nogueira. *Mitos da "globalização",* São Paulo: IEA-USP, 1997. (Assuntos Internacionais 52).
_____. "'Globalização' e administração tributária". *Revista Princípios,* n. 46, São Paulo: Editora Anita, ago./out. 1997a.
BAUMAN, Zygmunt. *Globalização: as consequências humanas.* Rio de Janeiro: Jorge Zahar Ed., 1999.
BEAVERSTOCK, J. V. et al. "A roster of world cities", Cities, vol. 16, issue 6. Dec. 1999. Disponível em: Research Bulletin 5, GaWC, Loughborough University: <www.lboro.ac.uk/gawc/rb/rb5.html>. Acesso em: 6 mar. 2003.
BENKO, Georges. Organização econômica do território: algumas reflexões sobre a evolução no século XX. In: SANTOS, Milton et al. (orgs.). *Território: globalização e fragmentação.* São Paulo: Hucitec-Anpur, 1994.

_____. *Economia, espaço e globalização na aurora do século XXI*. São Paulo: Hucitec, 1996.
CARDOSO, Fernando Henrique. "Política externa: fatos e perspectivas". In: *Revista Política Externa*. São Paulo: Paz e Terra. V. 2, n. 1, jun./jul. 1993.
_____. "FHC analisa consequências da globalização". Discurso proferido em 20 de fevereiro de 1996 no Colégio do México. *Folha de S. Paulo*. São Paulo, 21 fev. 1996. Brasil.
_____. Relações norte-sul no contexto atual: Uma Nova Dependência? In: BAUMAN, Renato (org.). *O Brasil e a Economia Global*. Rio de Janeiro: Campus-SOBEET, 1996a.
CARLOS, Ana Fani Alessandri. *O lugar no/do mundo*. São Paulo: Hucitec, 1996.
CASTELLS, Manuel. *A sociedade em rede. (A era da informação: economia, sociedade e cultura.v.1)*. 3ª ed. São Paulo: Paz e Terra, 1999.
_____; HALL, Peter. *Technopoles of the world: the making of 21*st *century industrial Complex*. London, New York: Routledge, 1994.
CHESNAIS, François. *A mundialização do capital*. São Paulo: Xamã, 1996.
CHESNEAUX, Jean. *Modernidade-mundo*. 2ª ed. Petrópolis, RJ: Vozes, 1996.
COELHO, Marcelo. "Quem falou em socialismo?" *Folha de S. Paulo*. São Paulo, 31 jan. 2001. Ilustrada.
CORRÊA, Roberto Lobato. Espaço: um conceito-chave da geografia. In: CASTRO, Iná E. et al. (org.). *Geografia: Conceitos e Temas*. Rio de Janeiro: Bertrand Brasil, 1995.
_____. *Trajetórias geográficas*. Rio de Janeiro: Bertrand Brasil, 1997.
_____; ROSENDAHL, Zeny (orgs.). *Paisagem, tempo e cultura*. Rio de Janeiro: EdUERJ, 1998.
COUTINHO, Luciano. "Nota sobre a natureza da globalização". In: *Revista Economia e Sociedade*, n. 4. Campinas, SP: Instituto de Economia da Unicamp, jun. 1995.
DAMIANI, Amélia Luisa et al. (orgs.). *O espaço no fim de século: a nova raridade*. São Paulo: Contexto, 1999.
DOLLFUS, Olivier. *O espaço geográfico*. São Paulo: Difusão Europeia do Livro, 1972. (Saber Atual).
_____. "Geopolítica do sistema-mundo". In: SANTOS, Milton et al. (orgs.). *O novo mapa do mundo: fim de século e globalização*. São Paulo: Hucitec-Anpur, 1994.
DREIFUSS, René Armand. *A época das perplexidades: mundialização, globalização e planetarização: novos desafios*. Petrópolis, RJ: Vozes, 1996.
EAGLETON, Terry. *Ideologia. Uma introdução*. São Paulo: Unesp-Boitempo, 1997.
ENGARDIO, Pete et al. "Países ricos exportam empregos em serviço". *Valor Econômico*. São Paulo, 5 fev. 2003. 1º Caderno.
FIORI, José Luís et al. (orgs.). *Globalização: o fato e o mito*. Rio de Janeiro: EdUERJ, 1998.
FUKUYAMA, Francis. *O fim da história e o último homem*. Rio de Janeiro: Rocco, 1992.
FURTADO, Celso. *O capitalismo global*. São Paulo: Paz e Terra, 1998.
GIDDENS, Anthony. *As consequências da modernidade*. São Paulo: Editora Unesp, 1991.
GORENDER, Jacob. "Estratégias dos Estados nacionais diante do processo de globalização". *Revista Estudos Avançados* v. 9. São Paulo: IEA-USP, n. 25, 1995.
_____. *Globalização, revolução tecnológica e relações de trabalho*. São Paulo: IEA-USP, 1996. (Assuntos Internacionais 47).

GOTTDIENER, Mark. A *produção social do espaço urbano*. São Paulo: Edusp, 1993.
HAWKING, Stephen William. *Uma breve história do tempo: do Big Bang aos buracos negros.* Rio de Janeiro: Rocco, 1988.
HARVEY, David. *A condição pós-moderna*. 2ª ed. São Paulo: Edições Loyola, 1993.
HELD, David; MCGREW, Anthony. *Prós e contras da globalização*. Rio de Janeiro: Jorge Zahar, 2001.
HIRST, Paul; THOMPSON, Grahame. *Globalização em questão: a economia internacional e as possibilidades de governabilidade*. Petrópolis, RJ: Vozes, 1998.
HUBERMAN, Leo. *História da riqueza do homem*. 18ª ed. Rio de Janeiro: Zahar, 1982. *Human. Development Report 2002. Deepening democracy in a fragmented world.* New York: UNDP/Oxford University Press, 2002.
HURREL, Andrew; WOODS, Ngaire. "Globalization and inequality". *Millennium: Journal of International Studies.* v. 24, n. 3, 1995.
IANNI, Octavio. *Sociedade global*. 2ª ed. Rio de Janeiro: Civilização Brasileira, 1993.
_____. Nação: província da sociedade global? In: SANTOS, Milton et al. (orgs.). *Território: globalização e fragmentação*. São Paulo: Hucitec-Anpur, 1994.
_____. *Teorias da globalização*. Rio de Janeiro: Civilização Brasileira, 1995. INTERNATIONAL Trade Statistics 2002. World Trade Organization. Disponível em <www.wto. org_>. Acesso em: 29 fev. 2003.
KONDRATIEFF, Nikolai; GARVY, George. "Las ondas largas de la economia". Madrid: *Revista de Occidente*, s/d. (Biblioteca de la Ciencia Económica IV).
KUMAR, Krishan. *Da sociedade pós-industrial à pós-moderna. Novas teorias sobre o mundo contemporâneo*. Rio de Janeiro: Jorge Zahar, 1997.
KURZ, Robert. *O colapso da modernização*. 2ª ed. Rio de Janeiro: Paz e Terra, 1992.
JAMESON, Fredric. *A cultura do dinheiro: ensaios sobre a globalização*. Petrópolis, RJ: Vozes, 2001.
LACOSTE, Yves. *Geografia: isso serve, em primeiro lugar, para fazer a guerra*. Campinas, SP: Papirus, 1988.
LAFER, Celso. "A política externa brasileira no Governo Collor". *Revista Política Externa* v.1. São Paulo: Paz e Terra, n. 4, mar./maio 1993.
LAMPREIA, Luiz Felipe. "A política externa brasileira no primeiro ano do Governo Fernando Henrique Cardoso". *Exposição do Ministro de Estado das Relações Exteriores perante a Comissão de Relações Exteriores da Câmara dos Deputados*, Brasília: Ministério das Relações Exteriores, 11 abr. 1996. mimeo.
_____. Discurso do Senhor Ministro de Estado das Relações Exteriores, Luiz Felipe Lampreia, na abertura da 55ª Sessão da Assembleia Geral da ONU, 12 set. 2000. Disponível em: <www.mre.gov.br>. Acesso em: 5 nov. 2000.
LATOUCHE, Serge. *A ocidentalização do mundo: ensaio sobre a significação, o alcance e os limites da uniformização planetária*. 2ª ed. Petrópolis, RJ: Vozes, 1996. (Horizontes da Globalização).
LEYSHON, Andrew. Annihilating space?: the speed-up of communications. In: ALLEN, John; HAMNETT, Chris (ed.). *A shrinking world? Global unevenness and inequality*. Oxford: The Open University-Oxford University Press, 1995.
LEVITT, Theodore. *A imaginação de marketing*. 2ª ed. São Paulo: Atlas, 1990.
LIPTETZ, Alain. *Miragens e milagres*. São Paulo: Nobel, 1988.
_____. *Audácia: uma alternativa para o século 21*. São Paulo: Nobel, 1991.
MATTELART, Armand. *Comunicação-mundo. História das ideias e das estratégias*. Petrópolis, RJ: Vozes, 1994.

MCLUHAN, Marshall. *Os meios de comunicação como extensões do homem*. São Paulo: Cultrix, 1969.
MORAES, Antonio Carlos Robert. *Geografia: pequena história crítica*. 2ª ed. São Paulo: Hucitec, 1983.
_____; COSTA, Wanderley Messias da. *Geografia crítica: a valorização do espaço*. 2ª ed. São Paulo: Hucitec, 1987.
MORAES, Dênis de (org.). *Globalização, mídia e cultura contemporânea*. Campo Grande: Letra Livre, 1997.
Normas para publicação da UNESP (v. 4, *Dissertações e teses: do trabalho científico ao livro*). São Paulo: Coordenadoria Geral de Bibliotecas e Editora UNESP, 1994.
O'BRIEN, Richard. *Global financial integration: the end of geography*. London: Pinter, 1991.
OHMAE, Kenichi. *Poder da tríade: a emergência da concorrência global*. São Paulo: Pioneira, 1989.
_____. *O mundo sem fronteiras*. São Paulo: Makron, Mcgraw-Hill, 1991.
_____. *O fim do Estado-nação: a ascensão das economias regionais*. Rio de Janeiro: Campus, 1996.
ORTIZ, Renato. *Mundialização e cultura*. 2ª ed. São Paulo: Brasiliense, 1994.
PORTER, Michael E. *A vantagem competitiva das nações*. Rio de Janeiro: Campus, 1993.
RANGEL, Ignácio. *Ciclo, tecnologia e crescimento* (*Retratos do Brasil, v.158*). Rio de Janeiro: Civilização Brasileira, 1982.
RELATÓRIO Anual da OMC 2000. Organização Mundial do Comércio. Disponível em: <www.wto.org>. Acesso em: 30 out. 2000.
RELATÓRIO do Desenvolvimento Humano 1999. Nova York: PNUD; Lisboa: Trinova, 1999.
RELATÓRIO do Desenvolvimento Humano 2000. Nova York: PNUD; Lisboa: Trinova, 2000.
RICUPERO, Rubens; GALL, Norman. "Globalismo e localismo". In: *Braudel Papers*, nº 17, São Paulo: Instituto Fernand Braudel de Economia Internacional, 1997.
ROBERTSON, Roland. *Globalização: teoria social e cultura global*. Petrópolis, RJ: Vozes, 1999.
ROSECRANCE, Richard. *La expansión en el Estado comercial: comercio y conquista en el mundo moderno*. Madrid: Alianza Editorial, 1987.
_____. "O surgimento do Estado virtual". In: *Revista Foreign Affairs*, nº 2, edição brasileira, São Paulo: Gazeta Mercantil, 8 nov.1996.
SANTOS, Milton. "Sociedade e espaço: a formação social como teoria e como método". In: *Boletim Paulista de Geografia*, nº 54. São Paulo: Associação dos Geógrafos Brasileiros - Seção São Paulo, Jun. 1977.
_____. *Por uma geografia nova. Da crítica da geografia a uma geografia crítica*. 2ª ed. São Paulo: Hucitec, 1980.
_____. *Técnica, espaço, tempo. Globalização e meio técnico-científico informacional*. São Paulo: Hucitec, 1994.
_____. *A natureza do espaço. Técnica e tempo. Razão e emoção*. São Paulo: Hucitec, 1996.
_____. *O espaço do cidadão*. 3ª ed. São Paulo: Nobel, 1996a.
_____. *Espaço e método*. 4ª ed. São Paulo: Nobel, 1997.

_____. *Metamorfoses do espaço habitado*. 5ª ed. São Paulo: Hucitec, 1997a.

_____. *Por uma outra globalização: do pensamento único à consciência universal*. Rio de Janeiro: Record, 2000.

SASSEN, Saskia. *Losing control? Sovereignty in an age of globalization*. New York: Columbia University Press, 1996.

_____. *As cidades na economia mundial*. São Paulo: Studio Nobel, 1998.

SCAVO, Carlos E. Diñero electrónico, génesis de la volatilidad financeira en el mundo y crisis en el estado nacional. In: *El impacto de la globalización*, Buenos Aires: Ediciones Letra Buena, 1995.

SKLAIR, Leslie. *Sociologia do sistema global*. Petrópolis, RJ: Vozes, 1995.

SMITH, Dan. *The state of the world*. London: Penguin, 1999.

SMITH, Neil. *Desenvolvimento desigual: natureza, capital e a produção de espaço*. Rio de Janeiro: Bertrand Brasil, 1988.

SOJA, Edward W. *Geografias pós-modernas. A reafirmação do espaço na teoria social crítica*. Rio de Janeiro: Jorge Zahar, 1993.

SOLONEL, Michel. *Grand atlas d'aujourd'hui*. Paris: Hachette, 2000.

STIGLITZ, Joseph E. "O pós-Consenso de Washington". *Folha de S. Paulo*. 12 jul. 1998. Mais!

_____. *A globalização e seus malefícios*. São Paulo: Futura, 2002.

STRANGE, Susan. "The defective state". *Daedalus: Journal of the American Academy of Arts and Sciences*. v. *124*, n. 2, 1995.

TAVARES, Maria Conceição; FIORI, José Luis (orgs.). *(Des)ajuste global e modernização conservadora*. Rio de Janeiro: Paz e Terra, 1993.

_____; _____. *Poder e dinheiro: uma economia política da globalização*. 5ª ed. Petrópolis, RJ: Vozes, 1997.

THOMPSON, John B. *Ideologia e cultura moderna: teoria social crítica na era dos meios de comunicação de massa*. 4ª ed. Petrópolis, RJ: Vozes, 2000.

TOURAINE, Alain. *Crítica da modernidade*. 3ª ed. Petrópolis, RJ: Vozes, 1995.

_____. "A desforra do mundo político". *Folha de S. Paulo*. 16 jun. 1996. Mais!

URBAN Agglomerations 1996, ONU. Disponível em: <www.un.org>. Acesso em: 5 set. 1999.

VIEIRA, Liszt. *Cidadania e globalização*. Rio de Janeiro: Record, 1997.

VIRILIO, Paul. *O Espaço crítico e as perspectivas do tempo real*. Rio de Janeiro: Editora 34, 1993.

WALLERSTEIN, Immanuel. *El moderno sistema mundial (v. I)*. Cidade do México: Siglo Veintiuno Editores, 1979.

_____. *El moderno sistema mundial (v. II)*. Cidade do México: Siglo Veintiuno Editores, 1984.

_____. Globalization or the age of transition? A long-term view of the trajectory of the world-system. Nova York: Fernand Braudel Center, Binghamton University, 1999. Disponível em: <www.binghamton.edu/fbc/index.htm>. Acesso em: 7 jun. 2001.

WASSERMAN, Rogerio. "Contra estresse, Itália lança Cittaslow". *Folha de S.Paulo*. 13 ago. 2000. Mundo.

WHITFIELD, Peter. *The image of the world: 20 centuries of world maps*. London: The British Library, 1994.

WORLD Development Report 2000/2001. Attacking Poverty. New York: World Bank/ Oxford University Press, 2001.

WORLD Development Report 2002. Building Institutions for Markets. New York: World Bank/ Oxford University Press, 2002.
WORLD Investment Report 1999. Foreign Direct Investment and the Challenge of Development. UNCTAD. New York/Geneva: United Nations, 1999.
WORLD Investment Report 2000. Cross-border Mergers and Acquisitions and Development. UNCTAD. New York/Geneva: United Nations, 2000.
WORLD Investment Report 2001. Promoting linkages. UNCTAD. New York/Geneva: United Nations, 2001.
WORLD Investment Report 2002. Transnational Corporations and Export Competitiveness. UNCTAD. New York/Geneva: United Nations, 2002.
WORLD Urbanization Prospects: The 2001 Revision. United Nations Population Division. Disponível em <www.un.org/esa/population>. Acesso em: 6 mar. 2003.
ZINI Jr. Álvaro Antônio (org.). Conferência internacional:globalization. Whats it is and its implications. São Paulo: FEA-USP, 1996. mimeo.

ANEXO

Figura 1

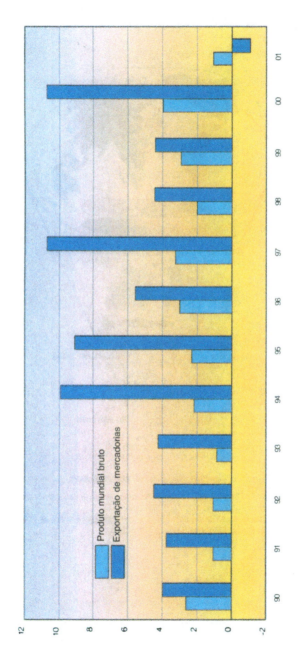

Fonte: International Trade Statistics 2002. World Trade Organizacion. Disponível em: <www.wto.org> Acesso em: 24 fev. 2003

Figura 2

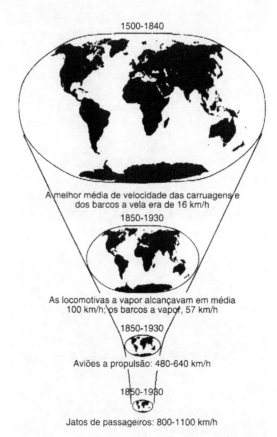

Fonte: HARVEY, David. *A condição pós-moderna: uma pesquisa sobre as origens da mudança cultural*. 2ª ed. São Paulo: Edições Loyola, 1993. p. 220.

Figura 3

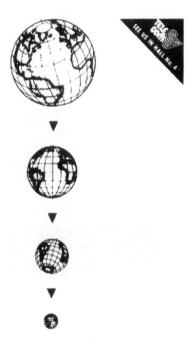

Este é o ano em que o mundo ficou menor.

Fonte: HARVEY, David. *A condição pós-moderna: uma pesquisa sobre as origens da mudança cultural.* 2ª ed. São Paulo: Edições Loyola, 1993. p. 221.

Figura 4

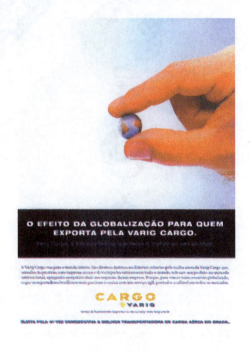

Fonte: *Revista Ícaro Brasil*, nº 169, set. 1998. p. 57

Figura 5

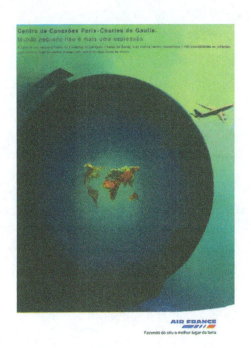

Fonte: *Revista NET*, n° 70, ano VI, dez. 1999.

Figura 6

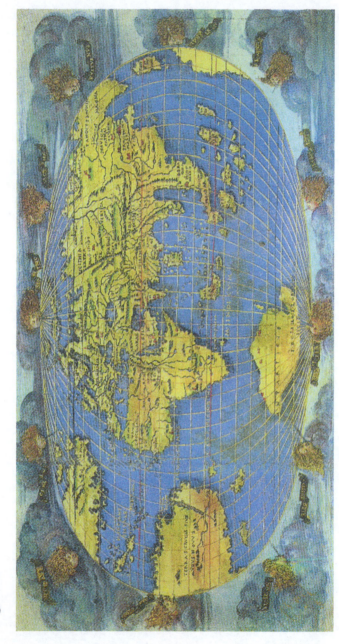

Fonte: WHITFIELD, Peter. *The image of the world: 20 centuries of world maps*. London, UK: The British Library, 1994. p. 50-1.

Figura 7

Fonte: WHITFIELD, Peter. *The image of the world: 20 centuries of world maps*. London, UK: The British Library, 1994. p. 66-7.

Figura 8

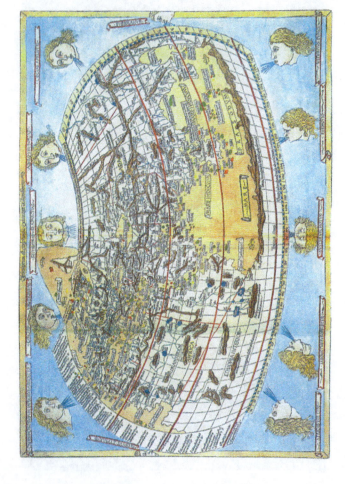

Fonte: WHITFIELD, Peter. *The image of the world: 20 centuries of world maps*. London, UK: The British Library, 1994. p. 8-9.

Figura 9

Fonte: WHITFIELD, Peter. *The image of the world: 20 centuries of world maps.* London, UK: The British Library, 1994. p. 29.

Figura 10

Fonte: OLIVEIRA, Cêurio de. *Dicionário cartográfico*, 2ª ed., Rio de Janeiro: IBGE, 1983. p. 392

Figura 11 - Cidades Globais e Megacidades

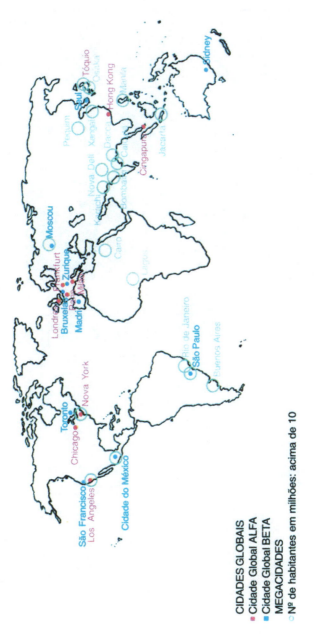

CIDADES GLOBAIS
- Cidade Global ALFA
- Cidade Global BETA

MEGACIDADES
- Nº de habitantes em milhões: acima de 10

Fonte: GaWC Researche Bulletins 5. Disponível em: <www.iboro.ac.uk/gawc/citymap.html> Acesso em: 6 mar. 2003; World Urbanization Prospects: the 2001 revision. Disponível em: <www.um.org/esa/populations> Acesso em: 6 mar. 2003.

Figura 12

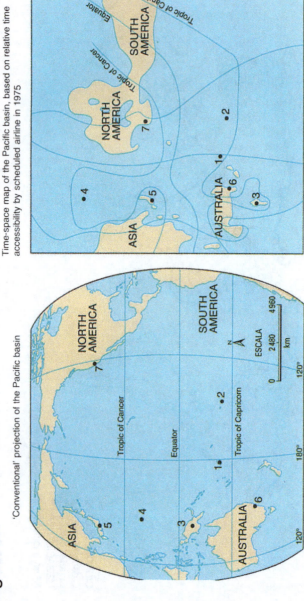

'Conventional' projection of the Pacific basin

Time-space map of the Pacific basin, based on relative time accessibility by scheduled airline in 1975

1. Fiji   2. French Polynesia   3. Papua New Guinea   4. Trust Territories of the Pacific   5. Tokyo   6. Sydney   7. San Francisco

Source: Adapted from hagget, 1990, Figure 3.3 (C)

Fonte: in LEYSHOW. Annihilating space?: The speed-up communication. In: ALLEN, John; HAMNETT, Chris. *A Shrinking world?* Oxford, UK: Oxford University Press, 1995, p. 18.

Figura 13

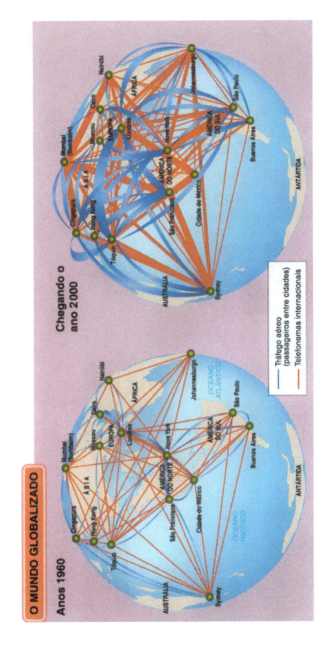

Adaptado de *National Geographic* (Washington, DC), v. 196, nº 2, ago. 1999, (encarte Millenium in maps – cultures).

Figura 14 – Os maiores bancos e firmas industriais

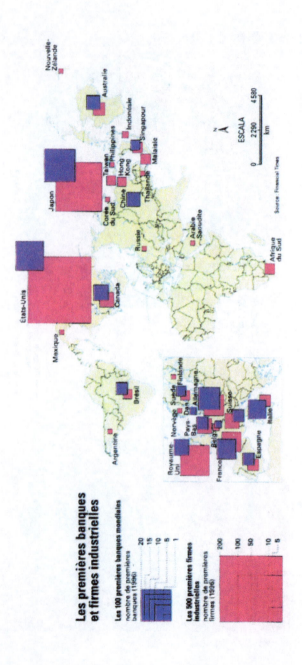

Fonte: SOLONEL, Michel (dir.). *Gran Atlas D'aujourd'hui*. Paris: Hachette, 2000. p. 151.

Figura 15

Fonte: *Human Development Report 2001. Making new technologies work from human development.* New York: UNDP/Oxford University Press, 2001.